家学育人智慧36字

孙旭东 著

中国科学技术大学出版社

内 容 简 介

本书以对“智”“慧”“经”“典”“情”“理”等36个经典汉字的诠释为切入点，重点讨论了“家学建设”的内涵、“家学育人”的策略以及“育人实践”的原则，并且以案例的形式解读编写家学文本的思路与步骤。读者可通过扫描二维码的方式观看汉字解读视频。每节配合内容精选一篇诗歌予以解读，并配有吟诵音频，让读者在理解内容的同时增加感性体验。本书对于激发孩子成长动力、形成家长育人定力、提升教师指导家庭教育能力、建设全面的育人格局等具有一定的现实意义，可供家长和教育工作者参考。

图书在版编目(CIP)数据

家学育人智慧36字/孙旭东著.—合肥：中国科学技术大学出版社，2022.9

ISBN 978-7-312-05451-8

Ⅰ.家…　Ⅱ.孙…　Ⅲ.家庭道德—中国—通俗读物　Ⅳ.B823.1-49

中国版本图书馆CIP数据核字(2022)第091416号

家学育人智慧36字

JIAXUE YUREN ZHIHUI 36 ZI

出版　中国科学技术大学出版社
安徽省合肥市金寨路96号，230026
http://press.ustc.edu.cn
https://zgkxjsdxcbs.tmall.com

印刷　安徽国文彩印有限公司

发行　中国科学技术大学出版社

开本　880 mm×1230 mm　1/32

印张　8.5

字数　236千

版次　2022年9月第1版

印次　2022年9月第1次印刷

定价　45.00元

培根·筑基·融通
（代序）

“古之欲明明德于天下者，先治其国；欲治其国者，先齐其家……”这种中华传统“家国同构”的理念，自2022年1月1日《中华人民共和国家庭教育促进法》（简称《家庭教育促进法》）正式实施起，就上升到法律层面上了。这意味着家庭教育由传统的“家事”正式上升为重要的“国事”。

近些年来，华东师范大学贯彻“为党育人，为国育才”的使命，在推进“三全育人”的过程中，从校内校外一体化、大中小学一体化等联动中汲取丰富的社会资源，放大协同整合效应，积极推动各附属学校在家庭教育指导方面的实践与探索，已取得了不少经验与成果。华东师范大学附属进华中学就是其中的一个代表，其十余年来致力于国学经典校本特色课程研发，形成了一套新颖、有效的教学模式以及一系列日臻成熟的校、区、市三级课程，获得了家长和社会的高度认可。学校先后开设“国学经典与家学智慧”“传承经典、诗词共读”等家长课程班数期，编辑家庭教育实践论文集多本。为此，2021年，华东师范大学教育集团在进华中学建立了“国学经典与家庭教育”指导培训基地，并依托该基地组织各地附校的“种子教师”开展了“基于国学经典的校本课程开发工作坊”活动。孙旭东老师作为该基地的领衔教师，多年来潜心研究国学经典理论，自觉开展家庭教育指导实践，提出了“家学育人”的理论构想，将多年的实践与思考集结成书。这对于激发孩子成长动力、形成家长育人定力、提升教师指导能力、建设全面的育人格局等具有一定的现实意义。

一、明确家庭教育职责，养成孩子成长动力

2021年7月，国家出台了“双减”政策，即减轻义务教育阶段学生作业负担和校外培训负担，《家庭教育促进法》又将这一政策写进了法律，目的是将家庭教育从升学教育的附庸地位中解放出来，改变家长只是学科教师助理的状况。其实，家庭教育有其固有的使命，即“立德树人”，其目的在于发扬中华民族重视家庭教育的优良传统，通过注重家庭、家教和家风，达到增进家庭幸福与社会和谐。

《论语·学而》讲“弟子入则孝，出则弟（悌），谨而信，泛爱众，而亲仁。行有余力，则以学文”，是说孩子的成长从“孝”开始，进而践行“悌”“谨”“信”“爱众”“亲仁”，才可“学文”。《孝经·开宗明义》写道：“夫孝，德之本也。”更道出“孝”为树人立德之本，孩子德行的养成要从“孝敬父母”开始，进而报效祖国，让孩子从小立志“为中华之崛起而读书”。有了这一点，孩子在成长中就有了永恒的追求，学习与成长就不再是自己的事了，而是家事、国事。同时，“孝”还是对家人的关心与对他人的宽厚，展现的是家国情怀，是范仲淹的“先天下之忧而忧，后天下之乐而乐”。有了这一点，孩子的成长就有了永恒的动力，成长不仅是成就自己，更是自己与社会的和谐发展、社会与自然的和谐统一。

二、重视家庭教育指导,形成家长育人定力

《家庭教育促进法》中诸多条款提到各级政府、部门、学校要加强家庭教育指导服务,通过组建家庭教育指导专业队伍、建立家长学校等方式促进家长树立正确的家庭教育理念,掌握科学的家庭教育方法,提高家庭教育的能力。

现在的中小学生家长大多是"80后",他们伴随着中国经济迅速发展而成长。经济的高速发展必然会影响人们观念的形成,对于"80后"来说,固有的传统思想还没有形成,新思想理念已经到来。同时,他们又是赶上计划生育的一代,成为我国历史上第一批独生子女,这便使他们中的一部分人形成了重短期、重个性的思想倾向。这种思想倾向很可能影响他们的家庭教育,可见,现今重视家庭教育的指导有其重要的现实意义。

2016年12月12日,习近平总书记在会见第一届全国文明家庭代表时的讲话中指出:

家庭教育涉及很多方面,但最重要的是品德教育,是如何做人的教育。要把美好的道德观念从小就传递给孩子,引导他们有做人的气节和骨气,帮助他们形成美好心灵,促使他们健康成长,长大后成为对国家和人民有用的人。

家庭教育的指导重在帮助家长形成育人的思想定力,就是坚持"立德树人"的培养目标,不为暂时的功利所影响,不为眼前的分数所左右,不为他人的评价所左右。家长心里坚持这样的想法,言行便不会走样,孩子才会堂堂正正、踏踏实实地成长。在一个比较浮躁的环境中,要坚持做到这些,难度可想而知,因而需要教育部门、教师与家长一起坚守,这样我们的育人事业才会长久、

健康地发展。

三、传承中华传统文化，提升教师指导能力

毛泽东曾有一个著名的论断："政治路线确定之后，干部就是决定的因素。"家庭教育指导的方向已经明确，又有法律作保证，教师便成了指导家庭教育健康发展的决定因素。教师不但要提升学科教学的素养，还要提升教书育人的情怀，更要提升家庭教育指导的能力。教师要学会站在家长的角度上思考自身的教育教学问题，更要学会站在培养未来社会建设者的高度上安排当前的教育教学工作。教师完成能力提升与视角转变的主要途径是传承中华传统文化。

中华传统文化的核心思想用一个字来概括就是"和"，具体阐述为四个方面：一是阴阳合一，体现在教育思想上就是"教学相长"。家庭教育的指导是双向的，是从优秀的家庭教育中汲取智慧，再回到指导家庭教育中去。二是天人合一，体现在教育思想上就是"有教无类"。"上天有好生之德"，给万物以生存空间，家庭教育的指导要关注每一类家庭的健康。三是中和中庸，体现在教育思想上就是"因材施教"。没有最好的家庭教育指导，只有最合适的指导。四是修身克己，体现在教育思想上就是"反求诸己"。家庭教育的指导，表面上是指导他人的过程，实际上是自我指导的过程。教育的重要使命是服务中华民族的伟大复兴，传承文化自信的基因，这是每个教师的职责与担当。

四、树立教育全局观念，建设全面育人格局

教育部在2022年工作要点中提出“构建家校社协同育人的指导意见”的工作目标。这里的关键词是“家校社协同育人”，即家庭、学校、社会协同育人。“协”，是分工，是协作，是家庭、学校、社会各司其职。家庭教育是孩子身心成长的基础，学校教育是孩子品德修养与能力提升的主体，社会是孩子实践活动与自我实现的平台。“同”，就是家庭、学校、社会坚持“立德树人”的共同目标。这一点大家都明白，但真正去践行很难。所以，学校要树立教育的全局观念，积极协调统一家庭教育和社会教育的实践。

“志于道，据于德，依于仁，游于艺”是孔子教学的总纲领，理应成为学校协调统一家庭教育、社会教育的总原则。“志于道”，指培养目标，帮助孩子树立远大的志向，即“天道”，人与自然和谐共存；“据于德”，指做人的根本，帮助孩子养成良好的品行修养，即“人德”，人与人和谐相处；“依于仁”，指生活依据，帮助孩子形成友善的情感倾向，即“仁爱”，让世界充满爱；“游于艺”，不仅可理解为学习内容，也可理解为成长过程，帮助孩子把握成长的节奏，即“优雅”，让成长的过程充满美好。当然这是理想与美好的状态，但追求理想与美好的过程本身就充满了理想与美好，由此进一步促进家庭、学校、社会三位一体的全面的育人格局的形成。

华东师范大学副校长、教育集团主任 戴立益

2022年3月17日

前言

人来世间，各带使命。有幸坚守，愉悦、从容！

十五岁读师范，十九岁教数学，二十五岁做行政，不惑之年回讲台教语文，每每讲到先秦诸子的深邃思考、魏晋名士的超然风度、盛唐诗人的豪迈情怀总会心生愉悦、浑然忘我。这时，我知道自己的使命找到了——教书。虽然上完课常觉浑身乏力，但想到第二天的课堂，依旧满心期待、精神饱满。

坚守使命，人生慢慢有所变化：开始时是在教“书”，后来慢慢感觉是在教“人”，关注的是学生的成长动力与成长定力；开始时是在教“学生”，后来慢慢感觉是在教“自己”，关注的是自身的诚意与正心；开始时是将对经典的理解与学生分享，后来慢慢会不自觉地将经典付诸言行……近十年来，逐渐认识到国学经典与家庭文化才是孩子健康、快乐成长的基石与保障。故而，在关注课堂教学的同时，自觉地关注家庭教育方面的思考与实践。

也许是巧合，也许是使命使然，2011年3月5日，在普陀区万里社区活动中心有了一次和家长分享的机会，主题是“国学经典与家庭教育”，一个小时的讲座，没有人提前离开，反而结束时间一拖再拖。有家长说：“老师，您讲得真好！”“不是我讲得好，是我们祖先说得好！”这个回答不是一句客气话，而是研读国学经典的真切体会,我们的祖先完成了他们的时代任务,将孩子的成长与家庭教育的问题在一些典籍中讲得清楚明白。

这次讲座后,有了更多的机会和家长交流,包括校内与校外、区内与区外、市内与市外,也包括大学、研究所、电视台、广播台等。开始时感觉较好,有那么多家长一起交流与探讨。但后来慢慢发现,每次讲完大家都会兴趣盎然,之后,渐渐地就悄无声息了……经过几年的思考,2019年10月8日,第一期“品读国学经典,开启家学智慧”家长课程班在进华中学开班,课程安排除了讲座外,更多的是家长们对家庭文化与自我育人实践的梳理。刚开课时,学员们面有难色,觉得压力很大;结业时,拿到论文集,学员们的神情中多了几分庄重,因为正在履行做家长的使命。

其实,做讲座也好,举办课程班也好,授课者自身收获最大,在一次次的授课、分享、交流、学习过程中,关于“传承经典,家学育人”的思路也逐渐清晰了。

家长不应该是任课老师的助理,家长有其固有的使命——在国学经典的指导下,传承、践行并发扬家训、家规、家风等家庭文化,这一过程称为“家学建设”。家长在建设家学的过程中自我教育,提升修养,进而影响孩子——提升其境界、拓展其格局,这个过程称为“家学育人”。

提升境界、拓展格局是家学文化建设的方向。家学文化的起点在哪儿?笔者认为在“孝”。《孝经》讲“夫孝,天之经也,地之义也”。从“孝”走向“高境界与大格局”便是国学经典给予家学建设的思想引领,在此基础上灵活地面对不同的孩子与家庭,便形成家学育人之“智慧”。

家庭重亲情,开启家学育人智慧当培养感恩亲情、融情入理的情怀;家庭重和谐,开启家学育人智慧当练就文质彬彬、表里如一的通透;家庭重长远,开启家学育人智慧当学会大直若屈、忠己恕人的淡然。这三方面便是家学育人之“策略”。

家学育人没有机会演练,孩子的成长也没有机会重来。所以家学育人智慧不应是方法设计,而应是一种修为,需要通过长期知行合一的育人“实践”,达到一种下意识的、习惯性的反应。同时,真诚自然地对待孩子的个性,效法天地生养万物来养育子女,孩子们便会愉悦、从容地成长。

一般说来,家庭文化影响孩子的关键期依次为三岁前、六岁前、十三岁前,孩子读高中后,在时空与心理上会趋于相对独立,家庭文化对孩子的影响会相对减弱。可见,家学建设具有较强的紧迫性,因为孩子不会因为家庭文化没有完善而暂缓长大。这就要求我们不但要注重实践,还要借鉴一些成功的家学文化案例,并了解其建设过程。

作为一位中学一线教师,主要工作是教书,著书不是主要任务。只是几期家长课程班举办下来,有学员表示,应该让更多的家长分享到课程内容。当然,这不是因为课程内容有多可取,而是家长们对于坚守家学育人的使命有了感悟和担当。这才有了将讲义整理成书的冲动,也是给自己的工作做的一点延伸。

本书为笔者所思所悟之作,还远远谈不上成熟,好在大家的心灵相通,我们有共同的使命与愿望——每个孩子健康、愉悦,每个家庭从容、温暖,我们的社会大家庭和谐、美好!

家学育人,你我使命,共同坚守,愉悦、从容!

孙旭东

2022年4月29日于上海

目　录

第一章　家学育人的提出

“家学”是可以传承的家庭文化的总和，包括家训、家规、家风、家约、家族知识、家族技能等。

“家学育人”是“家长在传承、发扬家庭文化中自我成长，并以家庭文化引导、影响孩子，促进其人格和谐、成人、成才”的过程。

“家学育人”可分为“家学建设”与“家学育人”两个方面，但两个方面是合二而一的，即“家学建设”的过程也是育人的过程，“家学育人”的过程也是丰富家学的过程。

“家学育人”的对象是家长和孩子，“家学育人”的目标是家长和孩子共同成长。

家长的责任是带领家庭成员传承、发扬家学，在自身践行的同时以家学引导、影响孩子。

建设优秀家学、以家学培育优秀人才的思考与实践被称为家学育人智慧。

“家庭教育”这四个字，读者都熟悉，从古至今，从国内到国外，凡有家庭，必有家庭教育。既有“家庭教育”，为何又提出“家学育人”这个概念呢？“家学育人”与“家庭教育”又有什么区别与联系呢？

一、四位年轻人何以如此优秀？

先看第一位年轻人的故事：

1935年，一位年轻人要去美国留学，父亲专门为他写了庭训[①]“人，生当有品：如哲、如仁、如义、如智、如忠、如悌、如教！吾儿此次西行，非其夙志，当青春然而归，灿烂然而返！乃父告之”。

这位父亲叫钱均夫，早年东渡日本求学，回国后在上海成立“劝学堂”，教授热血青年，投身民主革命。

这位要去美国留学的年轻人就是后来中国航天事业的奠基人钱学森。钱先生后来常说：“我的第一位老师是我父亲。”

第二位年轻人：

1929年，一位16岁的少年进入了北大预科班。上课时，学生问答都得用英语，可这个孩子只学过一些法文，困难不言而喻。父亲怕他打退堂鼓，便鼓励他说：“目标既然确定了，就应当用艰苦的劳动去实现自己的理想。你是属牛的，克服困难要有一股牛劲！”父亲的鼓励对少年作用很大，他回答说：“爸爸，您放

①《论语·季氏》记：孔子在庭，其子孔鲤（伯鱼）趋而过之，孔子教以学《诗》《礼》。后称父教为庭训。

心，我会把牛劲使出来的。”

后来，这位少年要到巴黎大学读博士，临行前父亲不幸染上重病，少年为此踌躇不决。父亲看出他的心事，对他说：“你学的科学，将来对国家有用，你还是出国好好学习吧！别忘记，你是属牛的，要拿出一股牛劲来！”

这位少年就是后来的中国原子能科学事业的创始人、中国“两弹一星”元勋钱三强，他的父亲是中国现代思想家、文学家、新文化运动的倡导者钱玄同。

第三位年轻人：

1931年，苏州中学毕业的一位年轻人以中文和历史两门100分的成绩进入了清华大学历史系，同年9月18日，日本发动了震惊中外的九一八事变，从收音机里听到了这个消息后，年轻人拍案而起：“我不读历史系了，我要学造飞机大炮，要转学物理系以振兴中国的军力。”可他理科基础薄弱，转系受阻，只好请叔叔帮助，叔叔发动了陈寅恪、顾颉刚、叶企孙等教授一起找物理系主任吴有训说情。

吴有训被年轻人的爱国热情所动，答应让他试读一年。年轻人克服了数理基础差、用英语听课和阅读的困难，以数理课程超过70分的成绩迈进了自然科学的大门。

这位年轻人就是后来被称为中国近代“力学之父”和“应用数学之父”的钱伟长。父亲钱挚早逝，钱伟长在叔叔的教育和影响下长大，他的这位叔叔就是被中国学术界尊之为“一代宗师”的钱穆先生。

钱学森、钱三强和钱伟长并称“三钱”，最初是由毛泽东喊出的“别号”，后被周恩来称为中国科技界的“三钱”。从上面的事例中不难发现，“三钱”的成长与家庭的影响有着密不可分的关系。

再看第四位年轻人：

1929年，一位年轻人考进清华大学，父亲写信告诫他：“儿之天分学力，我之所知；将来高名厚实，儿所自有！立身务正大，待人务忠恕。”还写道:“现在外间物论,谓汝文章胜我,学问过我;我固心喜!然不如人称汝笃实过我,力行胜我,我心尤慰!”

这位年轻人就是后来大名鼎鼎的钱锺书,他父亲钱基博是一位杰出的教育家,从教44年,从无锡县立第一小学一直教到清华大学。他写信给儿子意思是:我了解你的天资和学习能力,将来无论是名望还是学识,都会有丰厚的收获。但为人做事要光明正大,对人要宽宏大量。外界传言说你文章、学问都比我好,我当然高兴,但如果人们说你纯厚踏实、身体力行超过我,我当无比欣慰。

在上面的故事中,钱均夫给予孩子钱学森的嘱咐是“报效祖国”,钱玄同给予孩子钱三强的鼓励是“致力科学”,钱穆给予侄子钱伟长的帮助是“献身时代”,钱基博给予孩子钱锺书的期望是“笃实力行”。四个孩子成功的原因当然是多方面的,但家长的教育与家庭的文化影响是不容忽视的,这也充分印证了下面这句话:

家长是孩子的第一任老师,家庭教育重在教孩子如何做人。

家庭教育是家长和儿童共同成长的过程。①

其实这四对父子/叔侄同属一个家族——无锡钱氏。这个家族何以人才辈出?这个家族的家庭教育又有什么秘诀呢?

二、这个家族为何人才辈出?

在江苏无锡新区鸿山街道,有一个闻名遐迩的江南村落——七房桥村,村里住着一户姓钱的人家,这就是鼎鼎有名的无锡钱氏。除了前面提到的三对父子与一对叔侄,据不完全统计,海内外钱氏院士达100多位,分布在全世界50多个国家和地区,令世人赞叹。

近代以来,钱氏家族涌现出“一诺奖(钱永健),二外交家(钱其琛、钱复),三科学家(钱学森、钱伟长、钱三强),四国学大师

① 选自《全国家庭教育指导大纲(修订)》(妇字〔2019〕27号)。

（钱基博、钱玄同、钱穆、钱锺书），五全国政协副主席（钱昌照、钱学森、钱伟长、钱正英、钱运录），十八两院院士（钱骥、钱易等）”的光辉记录，不少是父子档、兄弟档、叔侄档。[1]

钱氏家族为什么会英才辈出？其中有着怎样的奥秘呢？

这得从五代十国时期的吴越国王钱镠说起。钱镠（852—932），浙江人，出身寒微，以武起家，在唐末平定战乱时立下了赫赫战功，逐渐统一了两浙地区，被中原王朝封为吴越王。但钱镠审时度势提出了“**保境安民，善事中国**”的国策，坚持并告诫后代：“度德量力而识时务，如遇真君主，宜速归附。”太平兴国三年（978），宋太宗赵光义欲挥师南下之时，钱镠之孙钱弘俶将政权和兵权悉数献给朝廷，吴越国所属的十三州、一军、八十六县全部纳入朝廷管辖之下，完成了割据王国与中央政权的和平统一，保障了两浙地区的安定繁荣，这就是流誉后世的“吴越纳土”。宋太宗称赞钱弘俶“以忠孝而保社稷”，也因此善待了钱氏后人。

钱镠的智慧，除了保境安民之外，还体现在对家族建设和后代培育的思考与践行上。《钱氏家训》便是钱镠及其后人治家智慧的集中体现，它为吴越钱氏家族的鼎盛发达和人才辈出，提供了不竭的精神动力和源泉。2021年6月10日，国务院公布了**第五批国家级非物质文化遗产代表性项目名录**，“钱氏家训家教”成为第一个国家级家训非遗项目[2]。

《钱氏家训》全文共635字，言简意赅，分为个人篇、家庭篇、社会篇和国家篇四个部分，本书附录部分有全文，此处先简单了解一下。

个人篇，如：心术不可得罪于天地，言行皆当无愧于圣贤。

这是《钱氏家训》开篇第一条训诫，心术是个人的心技，天地代表

① 摘自《中国文化报》2017年07月19日。

②《国务院关于公布第五批国家级非物质文化遗产代表性项目名录的通知》（国发〔2021〕8号）。

规律和正义。心术为己——功名利禄、利害得失；天地为公——关心万物、普度众生。这条训诫是让后人以天地、圣贤之道来规范自己的心思与言行。1947年，36岁的钱学森舍弃麻省理工学院终身教授的待遇，冲破重重阻挠，毅然回国，钱先生的这一行为就是践行《钱氏家训》的明证。

家庭篇，如：祖宗虽远，祭祀宜诚；子孙虽愚，诗书须读。

所谓“诚”，《大学》的解释非常好，就像人闻到难闻的气味会不自觉捂住鼻子，遇到美色会忍不住要看。祭祀之“诚”就是不走过程，不是为了给人看，而是内心对祖先的崇敬，之后再以这种真诚的态度去读书、做人。一般而言，诗是《诗经》，是“思无邪”的《诗经》；书是《尚书》，是言“天道”的《尚书》。钱基博先生教导儿子钱锺书“正大、忠恕、笃实、力行”，正是“诚”的体现。

社会篇，如：兴启蒙之义塾，设积谷之社仓。

“启蒙”是开启民智，“义塾”是公益学堂，“社仓”是未雨绸缪，是建立储粮制度，存丰补欠。这些是社会担当，目的非常明确——启发民智、救济饥荒，唯独没有考虑自己的得失。钱穆先生帮助侄子钱伟长转物理系，是为了科技救国，绝没有想到其会成为“力学之父”。

国家篇，如：利在一身勿谋也，利在天下者必谋之。

《礼记·礼运》载“大道之行也，天下为公”，不谋一身而谋天下，就是行大道，就是拥有为世人着想的追求与信念，就是为人民服务。这样做表面上好像是亏了自己，但却赢得了自己内心的坦荡，不患得患失，解开了束缚自己的精神枷锁，拥有了积极乐观的人生态度。钱三强先生铭记父亲的教导——从“牛”到“爱”，因为对科学有着纯粹的追求，才会战胜犹豫不决，拥有一往无前的力量。

无锡钱氏家族人才辈出，原因当然是多方面的，但《钱氏家训》对钱氏家族成员的影响与激励作用是绝对不容忽视的。“家训”是“家学”的一种表现形式，家庭成员在“家训”等“家学”文化的影响下成长

便是“家学育人”的过程。

三、何谓“家学育人”？

说到孩子的成长，“家庭教育”是一个绕不过的词语，本书却偏要讲“家学育人”。“家庭教育”与“家学育人”的含义有何区别与联系呢？要讲清楚这个问题就要从“家学”和“育人”这两个词说起。

（一）何谓“家学”

《辞海》中对“家学”的解释很简单，四个字——家传之学。虽只是字面上的解释，但这四个字中又有太多可以揣摩的内涵。

先说“家”。家是“修身、齐家、治国、平天下”的“家”，可以指家庭，也可以指家族。

家庭是一家人生活的场所。在这里，生活方面，孩子幼年可以得到照顾，老人年迈可以得到赡养；精神方面，家庭成员身心成长会受到家庭整体文化的影响。

家族是指拥有同一祖先的一族人，可以指曾祖、祖、父、子、孙、曾孙等纵向的辈分关系，也可以指叔、伯、堂叔、堂伯等家庭之间横向的族群关系。但不管哪一种关系，家族内物质上和精神上的往来与交流都是比较密切的。

就孩子的成长来说，家是子女的第一所学校。良好的家庭环境、高雅的家族文化教养对于子女形成正确的人生观、价值观、世界观几乎起着决定性的作用。

再说“传”。“传”当然包括“承”，即所谓“传承”。分开讲的话，“承”是对上辈而言的，是承接；“传”是对后辈而言的，是传递。但这绝不是简单地起一个二传手的作用而已，而是要主动地接受长辈的“传”，自身能动地去“践行”，并以互动的方式传递下去。

一般来说，人才辈出的家族，其家族文化都得到了比较好的传承。如前面提到的钱氏家族，宋代有名臣钱惟演，画家钱选；明代有学者钱德洪，画家钱谷，诗人钱谦益；清代有藏书家钱塘，乾嘉学派代表人物钱大昕、钱大昭兄弟，画家钱杜，篆刻家钱松；近代有植物学家钱崇澍，等等。正因为有一代代优秀的家族成员，《钱氏家训》才得以传承，传承的不只是一个文本资料，还有一代代的身体力行。

最后说"学"。"学"指知识和文化。知识包括对社会与自然规律的认识和对生活、生产技能的掌握，简单说就是"科学"与"技术"。文化包括对得失的取舍、对事物发展趋势的判断与人生的感悟。概括起来就是"价值观""智慧"与"觉悟"。知识是以自然与社会的规律为研究对象，具有通用性；文化则是一个族群特有的思维习惯与行为习惯，具有独特性。

对于一个家族来说，知识的认识水平有高低的区别，文化有取舍的选择，这样就形成了家族特有的文化特色。虽然知识具有通用性，但一个家族还是可以拥有自己独特的家传手艺；而文化则以家训、家规、家风、家范等形式表现其独特性。

说到这，就可以给"家学"下一个定义：

家学是可以传承的家庭文化的总和，包括家训、家规、家风、家约、家族知识、技能等。

（二）何谓"育人"

比较"教育"与"育人"两词的区别，便可明确"育人"的内涵。"教育"广义上是指影响人发展的因素，狭义上是指学校教育。人们经常把学校教育说成是"教书育人"，可见学校的主要活动是教书，通过教书来育人；而俗语"缺家教"是指一个孩子缺乏起码的做人修养，而不是缺少知识。这样看来，"育人"一词更多地适用于家庭，而"教育"一词更多地适用于学校。

“教育”与“育人”的差异有三个方面:一是方式差异,学校教育的主要方式是传授,家庭育人的主要方式是影响;二是内容差异,学校中,教师主要依据教材传授知识,家庭里,家长主要在生活中影响孩子;三是目标指向不同,学校传授知识的主要目的是提高教师和学生的思维品质,家庭生活影响的主要目标是提升家长和孩子的人格修养。

上面的说法绝不表明学校不重视孩子人格修养的完善,也不代表家庭不重视孩子思维品质的提升,只是表明“教育”与“育人”两个概念的侧重点。

根据上面的分析,可以给“家学育人”下一个定义:

家学育人是家长在传承、发扬家庭文化中自我成长,并以家庭文化引导、影响孩子,促进其人格和谐,进而成人、成才的过程。

这一概念中“家长传承、发扬家庭文化的过程”可称为“家学建设”,“以家庭文化引导、影响孩子,促进其人格和谐,进而成人、成才”称为家学育人。

“家学育人”这一个概念其实可以分为“家学建设”与“家学育人”两个方面,但两个方面是合二而一的,就是说“家学建设”的过程也是育人的过程,“家学育人”的过程也是丰富家学的过程。

“家学育人”的对象包括家长和孩子,“家学育人”的目标是家长和孩子的共同成长。

四、如何以“家学”育人?

家学育人的过程简单点说就是:**在家学建设中自我成长和用家庭文化去引导孩子成长**。把这一过程分解一下,其实就两步:一是要有优秀的家庭文化;二是要有人去践行这样的家庭文化。

(一) 优秀家庭文化的特点

上面提到的《钱氏家训》,还有读者熟知的诸葛亮《诫子书》、颜之推《颜氏家训》、朱柏庐《朱子家训》等都是优秀家学文化的代表,在笔者看来,它们具有以下特点:

一是具备高境界与大格局。所谓高境界就是抛却“吃喝玩乐”和“功名利禄”的诱惑,而追求“真、善、美”的境界。所谓大格局就是抛却对自我“安逸与面子”和小家“利害与得失”的关注,而关注三山五岳与古往今来。

如《钱氏家训》中“心术不可得罪于天地,言行皆当无愧于圣贤”。以天地圣贤来规范自己的心思言行,不可谓境界不高。再如《朱子家训》中“读书志在圣贤,非徒科第;为官心存君国,岂计身家”。不计身家、心系君国,不可谓境界不大。

二是以“孝”道奠基。《孝经》讲“夫孝,德之本也”。意思是说“孝”是德行修养的根本。“孝”是孩子成长过程中,脱离“小我”走向“大我”,脱胎换骨的关键一步。孩子的高境界与大格局从“孝”开始。“孝”不是简单地孝顺父母,而是对家庭的忠诚,有了这一点才会有之后的对朋友忠诚,对学业忠诚,对事业忠诚,对民族忠诚。这种“忠诚”推而广之就是对社会的责任感。“责任感”是孩子学习、成长的不竭动力。所以,“孝”是优秀家庭文化的逻辑起点。

如《钱氏家训》“祖宗虽远,祭祀宜诚”,《朱子家训》“祖宗虽远,祭祀不可不诚”,讲的就是对祖先的忠诚,这种忠诚是“公理”,是不需要证明的,也是不需要讨论的。《孝经》讲“夫孝,天之经也,地之义也”。说“孝”乃天经地义,就是这个道理。家庭文化有了“孝”做基础,根基就牢固了。

三是有操作性。所谓操作性,就是明确孩子从“孝”成长为高境界与大格局人才的策略与路径。家学育人的起点是“孝”,家学育人的方向是高境界与大格局，每个家庭都有各自的文化背景，虽然育人的路径不一，但有可以遵循的原则。

如《朱子家训》开篇就讲："黎明即起，洒扫庭除，要内外整洁；既昏便息，关锁门户，必亲自检点。"从清晨早起到厅堂台阶的打扫，从生活环境的整洁要求到晚上的休息与安全，面面俱到。良好的生活习惯、踏实的生活态度是提升孩子品质与修养的基础。

（二）家长身体力行

毛泽东1938年在中共六届六中全会上提出一个著名的论断：**"政治路线确定之后，干部就是决定的因素。"**同理，有了优秀的家庭文化，家长的身体力行就是决定因素。一种观念存在于文本中、存在于家长的言语中和行为中，对孩子影响的差别之大是可想而知的。家学育人最主要的作用来自父母的榜样示范，正所谓"上行下效"。父母以身作则，子女才会耳濡目染，养成良好的习惯。

钱基博的祖父叫钱维桢，是前清贡生，父亲钱福炯是秀才出身。钱基博曾回忆祖辈的训导："以家世儒者，约束子弟，只以朴学敦行为家范……毋得以文字标高揭己，沽声名也。"意思是说自己家族是读书士人之家，要求子弟要有朴实、好学、敦厚的品质……不要因自己的文章写得好就自我标榜、沽名钓誉。长辈如此言之，也如此行之。1909年，年仅22岁的钱基博就做了江西按察使陶大均的秘书，月薪银百两，这在当时可谓是少年得意了。但是钱基博先生不忘家训，仍穿着朴素，这不能不说是受了长辈的影响。钱锺书也深受父亲钱基博先生的影响，淡泊功名利禄，一心向学。

讨论到这里，可以明确"家学育人"的过程了。

一是家长要组织家庭成员一起传承、发扬家庭整体文化。《全国家庭教育指导大纲（修订）》就明确指出："家庭成员要共同构建优秀家庭文化、传承良好家风，为儿童健康成长营造和谐的家庭环境。"

“传承、发扬家庭整体文化”的过程就是“家学建设”的过程，也是“家学育人”的过程。

二是家长身体力行，亲自去践行家庭文化，同时也要带领家庭成员共同努力，将写在文本上的文化变成全家人的行为与修养，孩子会在潜移默化中受到影响。

“家学育人”的过程是家长和孩子共同建设与践行家学文化的过程。从结果上讲，践行与建设是合二而一的；从过程上看，建设与践行又是不断转化的过程，这一过程也是“家学”不断优化的过程。

古语有“三代承风，方成世家”之说。意思是一种信仰和观念从倡导者到接受者，至少要持续三代人，即三代人的两次延传才能成为传统。世代的坚守可以使优秀的家学得以进一步发扬与传承。这里的倡导者是思想上的接受者，也是行动上的践行者；接受者是践行者，践行的过程也是倡导的过程，故而也是倡导者。

五、如何建设优秀家学？

2021年5月31日，中共中央政治局会议上确定了“三孩政策”，这代表独生子女时代的逐渐淡出，现有的家庭结构将有所变化，传统的隔代多子女家庭结构将有部分的回归。在这种情况下，传统家学的传承、发扬就显得尤为重要。

其实，所有的家庭都有家学，只是表现形式不同：一是显性的，表现为文本形式——家训、家规、家风、家约等；二是隐性的，没有现成的文本，但平时的家庭生活与社会生活有一定的原则和习惯，这些原则与习惯就是家学。但不管哪种形式，在家庭结构发生变化的社会转型期的今天，优秀家学的传承与发扬势在必行。因此，如何传承、发扬优秀家学就成了本书的核心内容，分三章阐述，分别是“家学建设”“家学育人”“育人实践”，均是家学建设的理性思考，其思想来源

于“国学经典”。

(一)家学建设理性思考

“国学经典”作为一个民族的思想财富,一直存在于我们中华民族的潜意识中,同时显现于“经、史、子、集”等文化典籍中。家学作为一个家族的思想渊源,一直存在于家族成员的潜意识和家庭的文化氛围中。中华民族五千年文化一直没有中断,但就家族个体来说,家学文化的建设情况却呈现不平衡现象。

家庭是国家的细胞,家学是国学的重要成分。家庭离不开国家,家族离不开民族,家学当然也离不开国学,国学是家学的文化背景和思想指导,所以,研读国学是建设家学的必经之路。

国学中最重要的部分称为国学经典,国学经典的核心思想是“自强不息、厚德载物、止于至善”,如果孩子能做到对自己自强不息,对别人厚德载物,做事情止于至善,他就具备了安身立命与安邦定国的基本素养。

对民族智慧的追溯,便是在家庭成员的心灵深处播下智慧的过程,是建设优秀家学的基础。但就显性的国学书籍来说,用浩如烟海来形容绝不为过;再加上诸子百家思想各异,一一解读也比较复杂,那该如何把握其核心价值呢?

本书笔者将通过36个经典汉字来解读国学经典的核心思想,指导家学建设。具体分为三章。

家学建设,主要讨论在国学经典核心思想指导下的**家学建设路线**。

首先通过解读“经”“典”“智”“慧”四个关键字,讨论“家学建设”的智慧——坚守国学经典核心思想,以不变应万变。其次通过解读“道”“德”“本”“末”四个关键字,讨论“家学建设”的起点——“孝”。最后通过解读“境”“界”“格”“局”四个关键字,讨论“家学建设”的路

线方向——高境界与大格局。

家学育人，主要讨论**家学育人策略**，即从“孝”开始，实现高境界与大格局目标的策略。

首先通过解读“思”“想”“情”“理”四个关键字，讨论“家学育人”的第一个策略——“融情入理”。其次通过解读“文”“质”“和”“谐”四个关键字，讨论“家学育人”的第二个策略——“文质彬彬”。最后通过解读“忠”“恕”“曲”“直”四个关键字，讨论“家学育人”的第三个策略——“曲径直向”。

育人实践，主要讨论“家学建设”与“家学育人”过程中的**育人实践原则**。

首先通过解读“学”“习”“知”“行”四个关键字，讨论“育人实践”的第一个原则——“知行合一”。其次通过解读“天”“真”“自”“然”四个关键字，讨论“育人实践”的第二个原则——“自自然然”。最后通过解读“教”“育”“乾”“坤”四个关键字，讨论“育人实践”第三个原则——“乾坤之道”。

（二）家学建设具体实践

本书第五章，例举了“家学育人智慧课程班”部分学员关于自己家学建设过程的实践案例，进而讨论家学育人的具体实践内容与步骤。

家学建设绝不是像写一份工作计划或创作一部小说一样，准备好纸笔，写一个文本就可以了，而是一个对中国传统家学文化的认识过程，以及对自己家庭文化的收集、整理和践行的过程，具体可分为三步：一是理解国学经典之核心思想，明晰其对家学建设的指导作用；二是整理父辈、祖辈的家学故事以及家族世代留下的优秀家学文化；三是对自我家学文化建设以及家学育人实践进行总结。

家学文化建设是传承、发扬的过程，即用一定的标准整理、筛选、提炼前辈的思想与成果，之后践行之。同时用自身的感悟、体验、思考来丰富前辈的积累，再选择最合适的方式引导、影响下一代，促其接纳。

在家学的传承中，践行最重要。每一代家长不但是家学的传承者，更是家学文化的践行者。将“家训”写在纸上重要，将“家训”落实到行动上更重要。家学建设需要传承，家学建设更需要践行，二者是合二而一、不可分割的。

《颜氏家训》是南北朝时期学者颜之推留给后世的精神财富，享有“古今家训，以此为祖”的美誉。其“养生篇”里讲到“行诚孝而见贼，履仁义而得罪……君子不咎也”，意思是说诚信守孝而受到伤害、履行仁义而获罪罚，君子在所不惜的。

天宝十四载(755)，“安史之乱”爆发，唐玄宗哀叹道：“二十四郡，曾无一人义士邪?”而颜真卿已率先起兵，独当一面，打乱了叛军的进攻计划，其精忠报国之举，使玄宗在迷惘中看到了希望。这就是颜真卿的担当，是在践行自家的家训。①

还有一个家族，自东汉至明清这1700多年间，《二十四史》中有明确记载的就有36人被封为皇后，36人成为驸马，35人担任宰相。这个家族就是琅琊王氏，被誉为“中华第一望族”。读者所熟知的有《卧冰求鲤》故事中的主人公王祥，竹林七贤之一王戎，东晋王朝的开国元勋王导，书圣王羲之，明代著名的思想家、军事家、心学之集大成者王守仁。

这琅琊王氏的家训不是洋洋大观的鸿篇巨制，而是仅仅六个字——“言宜慢，心宜善”。从这里可以看出，整理家学，有文学功底当

① 原文：初，平原太守颜真卿知禄山且反，因霖雨，完城浚壕，料丁壮，实仓廪。禄山以其书生，易之。及禄山反，牒真卿以平原、博平兵七千人防河津，真卿遣平原司兵李平间道奏之。上始闻禄山反，河北郡县皆风靡，叹曰：“二十四郡，曾无一人义士邪!”及平至，大喜，曰：“朕不识颜真卿作何状，乃能如是!”真卿使亲客密怀购贼牒诣诸郡，由是诸郡多应者。(《资治通鉴》卷二一七)

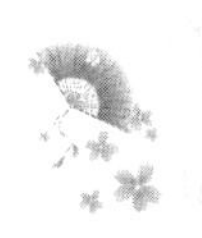

然好，没有也无关紧要。只有了解国学经典的核心思想，了解自己家族的家学价值取向，时时坚守、事事践行才有可能功德圆满。

家学的践行过程即家学育人的过程，是优秀家学建设的过程，家学育人智慧中最重要的不是怎么想，而是怎么做，“为”是硬道理。

本书的附录部分例举了古代有影响力的两篇“家训”，分别是《钱氏家训》和《朱子家训》；例举了两篇现代家族的家学文化文本，一篇是历史悠久的荀氏家族新整理的《荀氏家训》，另一篇是自觉整理、践行家学文化的荐氏家族的《荐氏家约》。这些实例会让读者看到家学传承与发扬的轨迹，感受到家学文化建设与育人实践其实离我们并不远，就在我们身边。

第二章　家学建设

家学是在国学经典基础上形成的,所以本章首先讨论国学的“智慧”与国学的“经典”,以期形成家学建设的指导思想。通过梳理国学经典的核心思想,进而展开对家学建设的路线思考——路线的“起点”在哪儿,“方向”又在哪儿?

家学建设以人的成长为研究对象,所以本章其次讨论生命成长的“道”与“德”,家学思想的“本”与“末”,明确家学建设的“起点”。

社会、家庭对孩子的培养目标都是“成人”“成才”,这一目标有何内涵?实现目标的过程如何?本章最后讨论何为“境界”与“格局”,即明确家学建设的“方向”。

第一节 经、典、智、慧——坚守经典，智慧选择

“经典”是指**从古至今不变的、最重要的典籍著作**。“智慧”可以理解为**以不变应万变**。每个人的成长道路不同，但做人的根本原则不变——孝顺；每个人的受教老师及接受的影响不同，但第一任老师相同——家长；每个家族的文化背景不同，但所有家族的育人根本任务不变——立德树人，民族文化认可不变——天人合一。

本节中，“经典”具体举例儒家经典，其核心思想是“**自强不息**”“**厚德载物**”“**止于至善**”；“智慧”具体指坚守以上核心思想，结合自家的特点灵活地开展家学建设。

一、孔子的智慧——坚守与变通

人们心目中的孔子大多是严肃可敬、似乎还有点刻板的形象，其实不然，孔子是一位和蔼可亲又充满智慧的长者，请看下面的故事。

阳货欲见孔子，孔子不见，归孔子豚。孔子时其亡也，而往拜之，遇诸涂。谓孔子曰：“来！予与尔言。”曰：“怀其宝而迷其邦，可谓仁乎？”曰：“不可。”“好从事而亟失时，可谓知乎？”曰：“不可。”“日月逝矣，岁不我与。”孔子曰：“诺，吾将仕矣。”

(《论语·阳货》)

春秋时期，鲁国国君鲁桓公有三个儿子，在嫡长子鲁庄公即位后，他们被封为卿。其家族后代分别被称为孟孙氏、叔孙氏、季孙氏。后来三家的势力越来越大，宣公时，分领三军，实际掌握了鲁国的政权，由于三家皆出自鲁桓公之后，被称为“三桓”。到了鲁定公时，季孙氏(也称季氏)的家臣阳货夺取了季氏的政权，进而对鲁国国政有所图谋。

阳货听说孔子在诸侯中威望很高，就想召请孔子做官，给自己装点门面。孔子自然是不愿为虎作伥的，但阳货一直坚持。孔子在与阳货的交往中，体现了他做事时坚守与变通的统一。

第一回合：

阳货派人去请孔子，想让孔子来拜见自己，孔子百般推脱，没有去见阳货。这就体现了孔子为人做事的坚守。

第二回合：

阳货送了孔子一头蒸熟的小猪。这样一来，按当时的礼制，孔子就必须亲自登门拜谢。孔子没办法，只好拜见。但孔子实在不愿见到阳货，就专门派人在他家附近守候，看阳货出门时，才通知孔子前去拜谢，足见孔子的灵活。

第三回合：

结果呢，人算不如天算，两人在路上碰上了。

阳货：“一个人怀藏本领却听任国家迷乱，可以叫作仁吗?”

孔子：“不可以。”

阳货：“喜好参与政事而屡次错失时机，可以叫作聪明吗?”

孔子：“不可以。”

阳货：“时光很快地流逝了，岁月是不等人的。”

孔子：“好吧，我准备去做官吧。”

其实，孔子有自己的出仕原则，就是“天有道则现，无道则隐”。此时，阳货谋权，在孔子看来就是“无道”，这时他应该“隐”。但是他不能这样说，这样说必定会引起阳货的不满，对他行逼迫之事，到时候他不得不要出仕，尊严也可能会遭到践踏。于是孔子想到了缓兵之计，回答阳货“吾将仕”。

事后，孔子并没有去做官，但当时的回答帮助孔子渡过了难关。有人说，孔子不诚信。孔子所提倡的“信”是讲原则基础上的“信”，对那些违背原则的承诺，不去履行，也不算失信于人。

这就是孔子的“智慧”，该坚守的一定坚守，该变通的定会变通。

二、智慧——以不变应万变

扫码观看解读视频

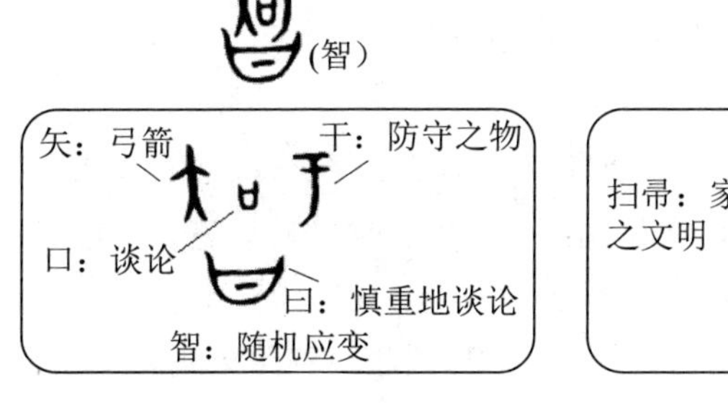

图2.1 “智”的古字

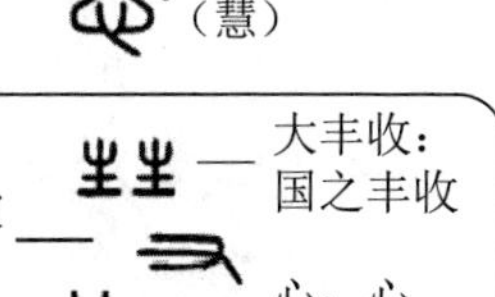

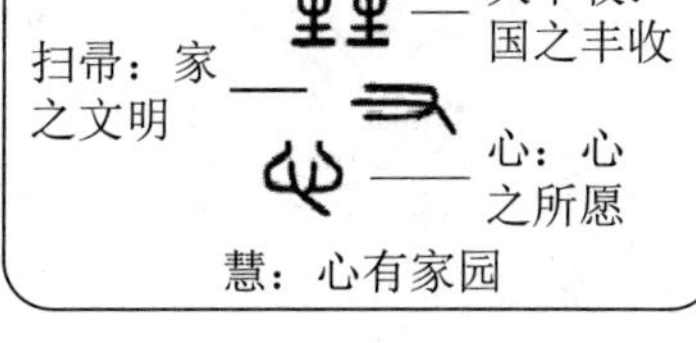

图2.2 “慧”的古字

(一)“智”——随机应变

郑人有逃暑于孤林之下者，日流影移，而徙衽以从阴。及至暮，反席于树下。及月流影移，复徙衽以从阴，而患露之濡于身。其阴逾去，而其身逾湿，是巧于用昼而拙于用夕矣。(《太平御览·人事部》)

上文是说有一天，火辣辣的太阳挂在天空，有个郑国人汗流浃背，觉得酷热难耐，眉头一皱，计上心来，便急忙把自己的卧席放到一棵大树下，仰卧在上面。太阳在空中移动，树影便在地上移动，他也随着树荫挪动自己的卧席，过了一个惬意的白天。

到了黄昏，他又把卧席放到大树底下。月亮在空中移动，树影也在地上移动，他又随着树荫挪动自己的卧席，露水沾湿了全身。树影越移越远了，他的身上也越来越湿。郑人道：“哦！难过哟……同样的方法，为什么白天舒服，晚上难过呢？奇怪。……”其实，郑人缺的就是“智”，何为“智”呢？下面通过分析汉字来详细解读。

如图2.1所示，“”字左上边的“”是“箭”的象形，代表进攻；中上的“”是“口”的象形，代表表达意见；右上边的“”是“树杈”的象形，代表防守。文天祥的名句“干戈寥落四周星”中有“干戈”一词，“干”和“戈”均为古代兵器，“干”为防具，“戈”为武器。因此后来以“干戈”用作兵器的通称，再后来引申为战争。进攻与防守是有关生死存亡的大问题。该进攻的时候没有进攻，就失去了机会；该防守的时候没有防守，失去的也许不仅是机会，还有可能是生命。

如《三国演义》中的曹操，有雄兵百万，战将千员，可以挟天子以令诸侯。如此强大的军事力量，是不是在任何时候，想进攻谁就可以进攻谁呢？当然不是。事实充分证明了这一点：建安十三年(208)，曹操不顾谋士荀彧的劝阻，进攻孙权。孙刘联军利用火攻，曹操百万雄兵顷一夜之间灰飞烟灭……

再如此次大战中的刘备，将不过关羽、张飞、赵云，兵不过数千，火烧赤壁之后，诸葛亮仍然可以派出三路人马，一路张飞，一路赵云，一路关羽去劫杀曹操。如果不是华容道关羽举起他的青龙偃月刀，分开他的五百校刀手，放走曹操，三国的历史可能要重写了。

可见，进攻与防守的时机是如此重要，所以“智”的上部分可用四个字来概括，就是**“把握时机”**。

“”是“曰”的象形。“智”上半部已经有个“口”，下面又来个“曰”，是不是代表“多说”呢？笔者认为正好相反，“曰”是书面用语，代表慎重地说或慎重地表明意见。如上面提到的赤壁之战，如果曹操慎重地对待这场战争的决策与行动，可能就不会有这场惨败了。

总而言之，“**智**”**就是**“**随机应变**”。

(二)“慧”——心有家国

> 山隅有一老圃，早失偶，惟一女远适他乡。猎者怜其孤，赠以猴。老者爱如赤子，每出必从，不链不掣，而不离不逸。如是者五年。
>
> 一日，老者暴卒，猴掩门，奔其姐，泪如雨。曰：“父死乎？”颔之，乃俱归。老者家徒壁立，无以为葬，猴遍哭于乡，乡人乃资而掩。姐引之去，猴揖谢之，仍牢守故宅，撷果自食。每逢五必哭祭，似念老父养之五年，哀伤殊甚。未三月而偃卧坟间。乡人怜之，乃葬于老者之侧，勒石其上，曰：“义猴之墓”。(李印绶《杏林集》)

故事是说山脚下住着一个老人，早年丧妻，只有一个女儿远嫁他乡。猎人怜悯他孤独，就送给他一只猴子。老人疼爱猴子就像亲生子女，每次出门都带着它，也不用链子拴上，也不用手牵着，那猴子也从来不离开。就这样过了五年……

一天，老人突然死了，猴子关上门，跑到老人的女儿那里，泪下如雨。老人的女儿问：“父亲死了？”猴子点点头。于是老人的女儿和猴子一起回家。老人家里只有空空的四壁，没钱安葬。猴子就哭遍了乡里，乡里人便集资掩埋了老人。

老人的女儿要带它离开，猴子作揖感谢她，但是仍然坚守在老人的房子里，自己采果子吃。每过五天必定要哭祭老人，异常哀伤，如此五年，好像在感念老人养育它五年，之后，没过三个月僵死在老人的坟前。乡人可怜它，便把它埋在了老人的坟旁，并立了一块石头在上面，上刻“义猴之墓”。

可以用两个字来概括“义猴”的品质——忠诚。“慧”的内涵和“忠诚”之意息息相关，具体原因还是从解读“慧”字开始。

如图2.2所示，“慧”上面的“丰”是“丰”字，指草势茂盛，叶向上、根向下延伸，引申为庄稼长势良好，代表丰收。

“丰丰”中有两个“丰”，代表大丰收，全国的丰收才叫大丰收，因此，两个“丰”代表“国”之物资的丰富。

“彐”是“扫帚”的象形，扫帚是家庭生活的必备用具，打扫卫生是家庭文明的开始，《朱子家训》开头便讲“黎明即起，洒扫庭除”，因此，扫帚代表“家”的精神文明。

“心”是“心”的象形。

将上中下三个部件合起来，“慧”的意思就是“心有家国”，就是对父母、家庭、民族、国家的忠诚。

总结上述，“智”是慎重地选择何时进攻、何时防守，这种选择不可以主观臆断，一定要根据客观实际，随机应变。“慧”是心有家国，具体来说，就是一个孩子对母亲的忠诚，一个士人对民族的担当，一位圣贤对整个天下的关照，这种忠诚、这种担当、这种责任感是永恒的操守。

“把握时机”是讲“变”，事物是瞬息万变的，人们的对策也应随之而变；而“心有家国”是对家与国的忠诚，是不能改变的。

讨论到这里，可以总结了，**“智慧”就是“以不变应万变”**。

扫码观看解读视频

三、经典——不变的重要典籍

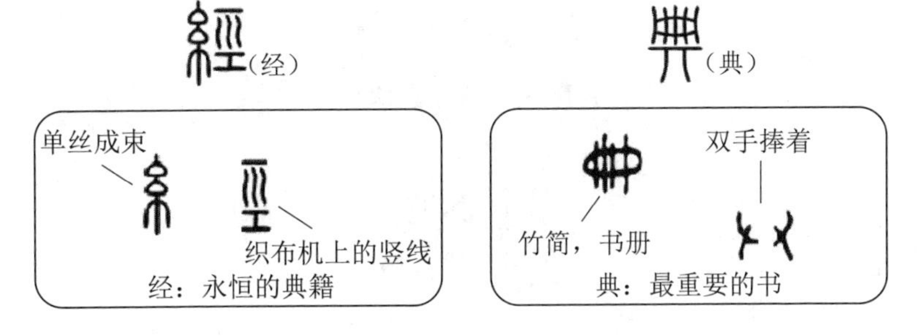

图2.3 “经”的古字　　图2.4 “典”的古字

(一)“经”——永恒的典籍

如图2.3所示，“經”由“糸”和“巠”两部分组成。

“幺”是蚕茧的象形(图2.5)，“糸”是指蚕茧抽丝的过程，因为蚕丝很细，用微米来计算，微米是毫米的1/1000，所以要很多根蚕丝合在一起成为丝线。两个圆圈下面的三条线，就相当于多根丝线合起来成为一束的过程。合在一起的线束用纺车卷起，复摇到大的纺车上(图2.6)，之后烘干，这时的丝线就叫“绞丝”，所以“糸”称为绞丝旁。

图2.5 蚕茧

图2.6 缫(sāo)丝

巠，金文写作“”，看上去完全是最简易织布机的象形（图2.7）。周围有边框，下面的梳扰。“”代表的是竖线，即“经线”。

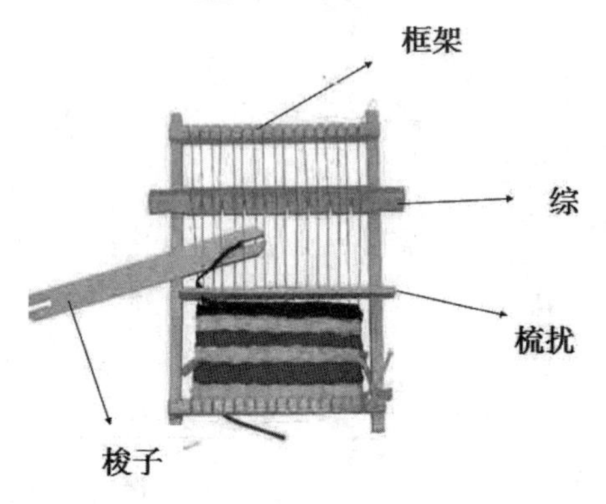

图2.7　简易织布机

“综”是织布机上使经线前后交错的一种装置。梭子带动纬线，在经线中来回穿梭。纬线每穿一次，就要用梳扰将穿过的纬线整理平整。

纬线是来回穿梭的，而经线是不变的，所以通常以“经”代表不变。班固《白虎通义》有：

经者，常也，言常道也。

自古以来，各家思想之中，被称作“经”的都是永恒不变的典籍，佛家有《金刚经》《心经》等，基督教有《圣经》，道家有《道德经》，儒家有《诗经》《易经》等，这些都是“常道”，是亘古不变的典籍。后代的学者只能对其进行注疏与考证，没见到有对“经典”加以修改的。

（二）“典”——最重要的书

如图2.4所示，典，甲骨文写作“”。上面“”像是用绳子串联起来的大量竹片或木片，是“册”字，《说文解字》讲：

册，符命也。诸侯进受于王者。

解释为“册”是记录朝廷授权、分封信息的本子，受封诸侯入朝接受国君颁发的文书。可见，“册”字代表权威文书，也可以指重要的典籍。下面“𠬞”是双手的象形，表示用双手捧着，进一步强调了“册”的重要。合起来“典”表示双手奉持权威的典籍(图 2.8)。《尔雅》讲：

典，常也，经也，法也。

意思是说“典”，是恒常不变的，是应该代代相传的典籍。周代辅佐周王治理邦国设有六种法典，即治典、礼典、教典、政典、刑典、事典。在后来出现的一些词中，也可以看到“典”字的重要性，如重要的书中讲解的是字，就叫“字典”；讲解的是词，就叫“词典”；讲解的是法，就叫“法典”；讲解的是经，就叫“经典”。

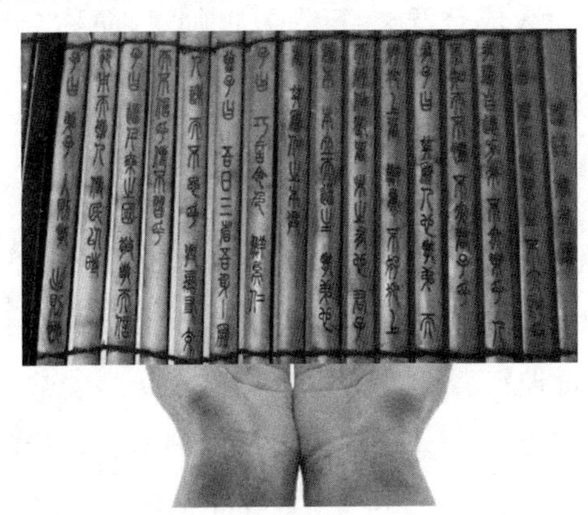

图2.8 典籍

所以，“经”与“典”合起来，就表示**亘古不变的、最重要的典籍著作**，当然也可以指古今不变的重要思想。经典不等于古典，而是活在每个当下的典籍；也不仅仅属于圣贤，而是属于每一个人。经典就在我们身边，就在每一个人的心灵深处。

四、儒家经典，智慧源泉

儒家经典具体指“四书”“五经”。“四书”包括《大学》《中庸》《论语》《孟子》。“五经”包括《诗》《书》《礼》《易》《春秋》。

儒家经典的核心思想为“自强不息”“厚德载物”与“止于至善”，这三点也是家学建设的指导思想，是家学建设中不变的因素。

（一）儒家圣贤

谈到儒家的经典，先要回顾一下儒家的圣贤，第一位当然是孔子，被后世尊为大成至圣文宣王、万世师表，简称“至圣”，意思是“最伟大圣人”。他自我评价：

> 其为人也，发愤忘食，乐以忘忧，不知老之将至云尔。（《论语·述而》）

第二位是颜子，即颜回，位列孔门七十二贤之首。安贫乐道，闻一知十，品德修养与智慧修为都达到了相当的高度，被后世尊为“复圣”。孔子评价他：

> 贤哉，回也！一箪食，一瓢饮，在陋巷，人不堪其忧，回也不改其乐。贤哉，回也！（《论语·雍也》）

第三位是曾子，即曾参，是孔子晚年弟子之一，孔子思想的主要传承者，被后世尊为“宗圣”（古人将第一代称为“祖”，第二代称为“宗”）。曾子倡导“内省慎独”的修养观和“以孝为本”的孝道观。他对自己要求：

> 吾日三省吾身，为人谋而不忠乎？与朋友交而不信乎？传不习乎？（《论语·学而》）

第四位是子思，姓孔名伋，字子思，是孔子的孙子，孔鲤的儿子。他上承孔子中庸之学，下开孟子心性之论，被后世尊为“述圣”。他认

为:天命是天道的必然表现作用,这种表现作用作为规律,就是性。自天道以下的一切都在循其性而动之,而表现之,这就是道。原文:

天命之谓性,率性之谓道。(《中庸》)

第五位是孟子,名轲,受教于子思的门人。主要思想是“仁政”与“民本”,被后世尊为“亚圣”。孟子讲“义”:

生,亦我所欲也,义,亦我所欲也。二者不可得兼,舍生而取义者也。(《孟子·告子上》)

孔庙是古代祭祀孔子的庙宇,庙里都有一座塑有孔子像的大成殿。在大成殿孔子像的两侧,是配享的圣贤,称为“四配”,就是上面颜子、曾子、子思、孟子四位。从上面的介绍可以了解,儒家的经典是以孔子为首的诸代圣贤集体智慧的结晶,同时经典更需要后代的传承与发扬。儒家经典如此,家学建设亦然。

(二) 四书,家学智慧源泉

孔子的主要思想被弟子记录下来,成为《论语》,曾子的主要思想体现在《大学》之中,子思的主要思想体现在《中庸》之中,孟子的思想记录在《孟子》之中。《大学》《中庸》《论语》《孟子》就是后世所称的“四书”(图2.9)。

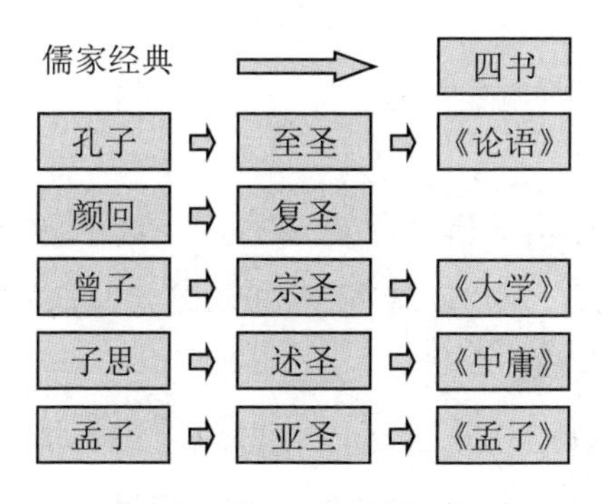

图2.9 儒家圣贤与“四书”

《大学》主要讲的是成长与成才的路径与方法:从"内圣"到"外王"。

《中庸》主要讲的是成长与成才的动力与标准:从"诚"到"和"。

《论语》主要讲的是"内圣"与"诚"的做法与表现。

《孟子》主要讲的是"外王"与"和"的做法与表现。

明白了孩子成长与成才的路径、方法、动力、标准以及操作范本,就找到了家学建设的指导思想。所以说,"四书"是家学建设的智慧源泉。

(三) 五经,安身立命之本

"五经"是指:《诗经》,简称《诗》;《尚书》,又称《书经》,简称《书》;《礼经》,通常指《礼记》,简称《礼》;《易经》,又称《周易》,简称《易》;《春秋》,又称《春秋经》。若再加上《乐经》,就构成了孔子教学"六艺"的内容,由于《乐经》后来散失了,故现存"五经"(图2.10)。

五经

《诗》	《诗经》	——人与家的和谐
《书》	《书经》	——人与国的和谐
《礼》	《礼记》	——人与人的和谐
《易》	《易经》	——人与自然的和谐
《春秋》	《春秋》	——人与历史的和谐

图2.10 "五经"

五经对社会生活的指导意义,在《庄子·天下》中有如下论述:

《诗》以道志,《书》以道事,《礼》以道行,《乐》以道和,《易》以道阴阳,《春秋》以道名分。

意思是说:《诗》用来表达内心思想,《书》用来记述政事制度,《礼》用来表述行为规范,《乐》用来表达和谐感受,《易》用来阐明阴阳变化的规律,《春秋》用来讲述名分的尊卑与序列。

《诗经》大多讲情感，而情感是美好家庭的基础，故读《诗经》以达人与家的和谐。

《尚书》主要讲仁君治民与贤臣事君之道，故读《尚书》以达人与国的和谐。

《礼记》是人们在社会活动和日常生活中的举止言行的规范，故读《礼经》以达人与人的和谐。

《乐经》虽然散失，但孔子非常重视，《史记》记载："《诗》三百篇，孔子皆弦歌之。"从其他文献中也可以看到一些记载，可以推断，读《乐经》以达人与心的和谐，如：

子在齐闻《韶》，三月不知肉味。(《论语·述而》)

《易经》阐述的是天地世间万象变化，故读《易经》以达人与自然的和谐。

《春秋》是编年体史书，也是周期时期鲁国的国史，几乎每个句子都暗含褒贬之意，后人称为"春秋笔法"，故读《春秋》以达人与历史的和谐。

一个孩子如果能处理好自己与家、与国、与人、与心、与自然、与历史的关系，并能与之和谐相处，那么这孩子一定会快乐、从容，大则可以安邦定国，小则可以安身立命。

(四) 国学经典核心思想

上面对"四书"与"五经"分别作了介绍，但并非重点介绍其区别，而是想进一步阐述其一致性。因为家学建设的基本目标就是要使家族的每一个成员"安身立命"，"安身立命"的标准便是"和谐"，和谐的最高境界是"天人合一"，即人与自然的和谐，具体讲就是"天""地""人"的和谐。

《易经·乾卦》中的名句"天行健，君子以自强不息"就是讲"人"要向"天"学习，学习"自强不息"的精神。宇宙的阳刚与无穷便是"自强不息”的最好诠释，这种品质用一个字来概括就是“真”。

《易经·坤卦》中的名句“地势坤，君子以厚德载物”就是讲“人”要向“地”学习，学习“厚德载物”的精神。大地的宽厚与包容便是“厚德载物”的最好诠释，这种品质用一个字来概括便是“善”。

《大学》中的名句“大学之道，在明明德，在亲民，在止于至善”讲的是要向圣人学习，学习“止于至善”的修养。“天人合一”的最高境界便是“止于至善”，这种境界用一个字概括便是“美”。

如果一个孩子对自己的要求是“自强不息”，对待别人“厚德载物”，做事情达到“止于至善”，将来不仅可以安身立命，更可以安邦定国。这是国学经典与家学建设的内容与目标。当然，实现这个高度的可能性是微乎其微的，但可以把这个高度作为方向与追求。

“自强不息”“厚德载物”“止于至善”是国学经典的核心思想，理应成为家学建设的指导思想。“四书”和“五经”也应成为家学建设的思想源泉。

五、坚守经典，智慧育人

“言宜慢，心宜善”是琅琊王氏的家训，虽然简短，但却包含了水的灵动与山的坚守，是“智”与“慧”的完整诠释。在家学建设的过程中，应坚持对国学经典核心思想的坚守，智慧地开展适合自身特点的家学建设。

（一）王羲之“笑而不答”

在第一节中提到的琅琊王氏，被称为中华第一望族，刘禹锡名句“旧时王谢堂前燕，飞入寻常百姓家”中“王”家指的就是琅琊王氏。成就第一望族，除了天时、地利、人和之外，内在一定有永恒的精神力量支撑着，这股力量就是琅琊王氏的家训——“言宜慢，心宜善”。

“言宜慢”是“智”，是选择合适的时机、合适的言语、合适的对象表达自己，不该说的时候要绝对沉默，该说的时候要当仁不让。对自己无害、对别人有益的话和事一定要说，一定要做；对自己害小、对别人益大的话和事可以考虑后再说，考虑后再做；对自己有害、对别人无益的话和事坚决不说，坚决不做。

“心宜善”是与人为善，是善待自己、善待他人、善待社会、善待自然，是“慧”，是无论何时、何地都要坚守的。“言”代表外在的表现，“心”代表内在的坚守。“宜”是一种实事求是的态度，不做绝对的要求，但决不放弃，而是尽力去做，尽量地向标准靠近。

> 尝在蕺[①]山见一姥持六角扇卖之。羲之书其扇，各为五字。姥初有愠色。羲之因谓姥曰：“但言王右军书，以求百钱也。”姥如其言，人竞买之。他日姥复见羲之，求其书之。羲之笑而不答。（《晋书·王羲之传》）

上面故事的主人公王羲之就是琅琊王氏的代表人物之一。这个故事也是“言宜慢，心宜善”家训的典型案例。王羲之主动帮助卖扇子的老妇人书写扇面，使得人们争相来买，帮助了老妇人。这是“心宜善”的表现，但这种“善”是有限度的，俗话说，帮“一饥”，不能帮“百饱”。过了几天，老妇人又找王羲之，请求王羲之再写一次，王羲之笑着却没有回答。

这个“笑而不答”很有韵味，如果再写，就违反了“善”的原则，如果直接拒绝，又会让老妇人难看，所以这个“笑而不答”是最合适的回答，是智慧也！《三国演义》中那个常常可以猜透曹操心思并“及时”说给人家听的杨修，应该是“言宜慢”的反面教材，他的结局当然是我们不想看到的。

（二）向“山”“水”学习

《论语·雍也》中有这样一句话：

① 蕺：音jí，山名，位于今浙江绍兴。

智者乐水，仁者乐山；智者动，仁者静；智者乐，仁者寿。

意思是智者参透、明白宇宙的规律，反应敏捷，随机应变，像水一样，顺则流行，逆则绕转，源远流长，永不停息。仁者安然淡定地坚守着做人的原则，宽厚仁慈，毫不动摇，像山一样，稳固不迁，亘古不变。

动与静是水和山的特点，也应该是智者与仁者的修养，而快乐与长寿是灵活与稳重的结果。智者因为灵活、不受约束而快乐，仁者因为安静坚守、恒久不变而永恒。"灵活"与"坚守"是国学的核心思想，也符合前面对"智"与"慧"的解读。

在家学建设过程中，要时时向"山""水"学习，保持"山的稳重"和"水的灵动"的状态；坚守国学经典核心思想，灵活面对世事的变迁。

（三）"经典"之不变

前面讲过，"经典"表示从古至今不变的、最重要的典籍，这些典籍就儒家来说就是"四书""五经"。何以见得？

"五经"之中，《易经》是群经之首，是经典中的经典。《诗》《书》《礼》《春秋》都是以《易经》为思想出发点的。《易经·贲卦》中有：

刚柔交错，天文也。文明以止，人文也。观乎天文，以察时变。观乎人文，以化成天下。

"天文"指日、月、星、辰等天体分布、运行的现象。"人文"是指人类社会的文明礼仪及各种文化现象。《易经》研究的是"天文"与"人文"的关系。《道德经》第二十五章中说：

人法地，地法天，天法道，道法自然。

这句话可以表明"天文"与"人文"的关系，就是人类的文明要符合天地的规律。

"经典"揭示的是整个宇宙的规律和天地间所有事物的属性，以及历代圣贤关于社会伦理的基本思考。说得直白一点，就是关乎"天"、关乎"地"、关乎"人"的思考。现代世界日新月异，飞速发展，但天道不变，就是“真”不变；地道不变，就是“善”不变；圣人之道不变，就是对“美”的追求不变。这些两千多年前的文章，现在可以读，两千年后的人们还可以读，因为世界的本源不变，人们对“真”“善”“美”的追求不变。

（四）坚守经典，智慧选择

根据汉字的解读，笔者认为“智”是随机应变，讲“变”，“慧”是心有家国，讲“不变”，这是两者的区别。二者又有何联系呢？其实二者是同体的，只是时空的范围不同。就时间而言，“智”是针对事物在某一个时间段的状态，“慧”是针对事物在无限长的时间范围内的发展趋势；就空间而言，“智”是针对事物在某一具体空间点的状态，而“慧”是针对事物在无限空间内的总体态势。就宇宙的发展趋势而言，我们可以认为时空无限；而就每一个人而言，个体总是处在某一个时空的点上。从这个意义上来说，“智”是面对个性，“慧”是面对共性。

单就“国学”来说，国学中的“经典”不变，比如儒学的根本目标不变——建设有序、和谐的社会，但每个阶段的侧重点不同——孔子关注“仁”、孟子关注“义”、荀子关注“礼”、朱熹关注“理”、王阳明关注“心”……

就国学经典与家学建设的关系来说，国学经典是共性，而家学建设是个性。共性是主脉，是要坚守的，个性是要根据自己家族特点来确定。在了解国学经典思想核心和发展主脉的基础上，通过把握家学文化——家训、家规、家风、家约、家族知识等方面的特点，建设自己家族独特的家学文化，是每一代家长应该履行的使命与任务。

每个孩子的成长道路不同，但做人的根本原则不变——孝顺；每个人的受教老师和社会影响不同，但第一任老师不变——家长；每个家族的文化背景不同，但所有家族的育人根本任务不变——立德树人,民族文化认可不变——天人合一。

在家学文化建设和家学育人的过程中,要运用国学经典中的思想来武装头脑,保持冷静,坚持不变的方向,灵活地调整方式和策略,清醒地认知自我家庭的特点,在纷繁的客观世界中从容地应对。此所谓家学建设的智慧,即"坚守'经''典','智''慧'选择"。

本书将"家学建设智慧"理解为"如何建设优秀的家学文化"与"如何以优秀的家学培育有用的人才"。

六、"润物无声"的智与慧

其实,到第五点为止,关于"坚守'经''典','智''慧'选择"的理性思考与实践案例都讲完了,那为什么还要加上这第六点呢? 三十多年的教学经验告诉笔者,理性的思考,给人的是认识,别人可以赞成,可以反对,但很难让这些认识变成自觉的行为。所以笔者认为,人们在读文而明理的同时,最好多吟诗,因为诗可以引起心灵的"感发"。

所谓"感发",是内心感动后有一种自然而然的冲动要去践行的一种心理过程。如读到诗圣杜甫的名句"为人性僻耽佳句,语不惊人死不休"时,内心会不自觉有一种要把自己该做的事做到极致的欲望……

试着读一读下面的诗,多吟诵几遍,让吟诵的声调经常在耳边萦绕,国学经典和家学的智慧就有可能会不自觉地从我们的言行中表现出来。

春夜喜雨

唐　杜甫

好雨知时节,当春乃发生。
随风潜入夜,润物细无声。
野径云俱黑,江船火独明。
晓看红湿处,花重锦官城。

扫码跟随音频吟诵

“好雨知时节，当春乃发生。”起首就一“好”字，不蕴藉，不含蓄，既是对雨的定性，也是直抒胸臆的赞美，但又不强加于人，而是讲述这“好雨”的标准——“知时节”。

“当春乃发生”，不应该是“雨”发生，而是春雨滋润万物，催万物生发，这是“感发”的过程，那“好雨”背后的“文化”又如何呢？其实“好雨”就是“智慧”的雨。其“智”与“慧”表现在哪儿呢？

其一在“当春”，是“智”，就是适时，就是恰到好处。

其二在“随风”，是“智”，借助风的力量，而不是茕茕独立而来。

其三在“潜入夜”，是“慧”，是不影响百姓白天的劳作。

其四在“润物”，是“慧”，是“好雨”永恒的追求。

其五在“细”，在“无声”，不滂沱，才润物，无声才让人容易接受；《论语》讲“君子讷于言而敏于行”，此之谓也。

其六是“云俱黑”，是春雨的充足，那渔火呢？这是诗人对读者的体贴，因为有渔火，才能见到这天地间俱黑之云。这也是诗人的高明之处，能够接受自然的感发，又可以用最合适的文字将这种感发传给读者。几个字组在一起就产生了无限的能量，穿越时空，一直前行，感动更多的心灵。

其七是诗人的智慧，春雨也许只重视过程，但诗人却可以预见明天，春雨浸润的花丛，会变得水润，一朵朵花红艳艳、沉甸甸，汇成了花的海洋，充满整个成都城，充满整个天府大地。

其实，全诗写的是春雨的智慧，更是诗人的智慧——细致入微地感受天地，恰到好处地关怀苍生。

诗人感发于天地，之后用诗将这种感发传递出去，读诗的时候，这种感发就会自然而然地传递给人们，经常吟诵，“润物无声”的“智”与“慧”就会在我们的言行中体现。

拓展阅读

孔子育人的智慧——因材施教

子路问:"闻斯行诸?"

子曰:"有父兄在,如之何其闻斯行之?"

冉有问:"闻斯行诸?"

子曰:"闻斯行之。"

公西华曰:"由也问,闻斯行诸?子曰:'有父兄在。'求也问,闻斯行诸?子曰:'闻斯行之。'赤也惑,敢问。"

子曰:"求也退,故进之;由也兼人,故退之。"(《论语·先进》)

故事是这样的:

一天,孔子在房间内读书,学生公西华在旁边帮助老师整理书简。这时学生子路敲了敲门走了进来,大声问道:"老师,我有了一个想法,马上就行动起来吗?"

孔子说:"你有父兄在,怎么能一有想法就行动呢?是不是要和父兄商量一下呢?"子路怏怏不快地退下了。

过了一会,冉有进来轻轻问:"老师,我有了一个想法,要不要去做呀?"

孔子说:"马上去做。"冉有面有悦色,脚步轻快地出去了。

听到了两次对话,公西华糊涂了,实在忍不住了。

问孔子说:"老师,两个同学问了您同一个问题,您回答的却不一样,这是怎么回事?"孔子说:"冉求[1]总是退缩,所以我鼓励他;仲由好勇过人,所以我约束他。"

这个故事其实就是孔子因材施教的典型案例,孔子对于子路和子有采取了不同的教育策略,但目标是一致的,就是"坚守'经''典',

① 冉求:字子有,一般人称别人字,表示尊重,老师可以直接称学生名。

‘智’‘慧’选择”。

本节思维导图

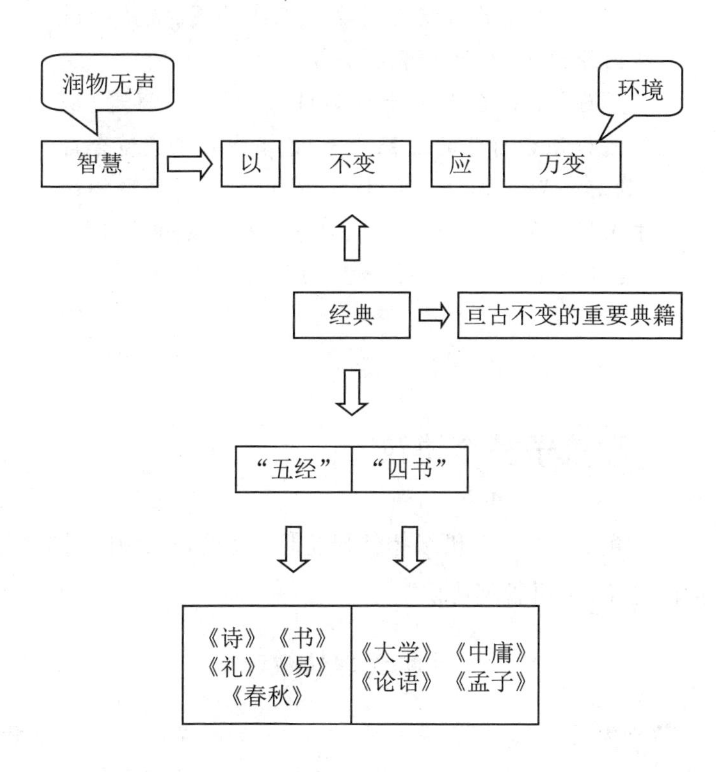
坚守经典，智慧选择
润物无声
环境
智慧
以
不变
应
万变
经典
亘古不变的重要典籍
“五经”
“四书”
《诗》《书》
《礼》《易》
《春秋》
《大学》《中庸》
《论语》《孟子》

第二节 道、德、本、末——循道有德，固本求末

家学建设的智慧就是要明确线路图，就是知道“从何处出发，方向在哪儿”。

“道”是指在人生十字路口通过观察、思考、试探，选择适合自己的过程；“德”是指找到了最适合自己的那条路；“本”是事物的“本源”；“末”是事物的“末节”。树木的“本”是根，孩子的精神成长的“本”又在哪里呢？本节要讨论这个问题。

一、和孩子签个协议？

十几年前，新接一个班级担任班主任，暑假去家访的时候，见到了下面的这个“手机管理协议”。

手机管理协议

家长购买手机，拥有手机的所有权，无偿提供给儿子使用，如果使用人不能履行如下条款，所有权人有权收回手机，双方不得反悔。

1. 上课认真听讲，作业高效率、高质量完成（家长每周与老师联系，由老师对手机使用人上课情况和完成作业情况作出评判）。

2. 不会的作业,必须想尽办法弄懂弄通,做错的作业及时订正。

3. 平常上学不得带手机入校。

4. 数学、英语月考成绩必须在85分以上,语文月考成绩必须80分以上。

5. 期末考试的总分必须进入班级前10名。

6. 每天必须完成半小时的语文阅读。

7. 周一至周五必须6:40起床,6:50吃早餐,7:10前离家上学,周六、周日可适当放宽要求。

8. 走路、上厕所和晚上就餐后不得玩手机。

不知道读者看了有什么想法?

笔者看到时非常佩服这位家长的管理水平。家长与孩子双方的权利和义务清晰,孩子使用手机的要求明确,学习的习惯和成绩都有明确的界定……与家长交流之后,明白了家长与孩子订立合同的初衷——利用孩子急于得到手机,并不愿意失去的心理,因势利导,规范孩子的学习习惯,以期提高孩子的成绩。

开学之后,本希望协议可以发挥应有的作用,取得期待的效果。第一周协议正常运行后,第二周的周一,孩子没有按时起床了,按照协议,家长将手机收存,孩子因此心情不好,当天的语文阅读没有完成,家长一生气当天就没有把手机给孩子,后面的结果大家应该猜到了,此协议不了了之。

但这个协议却引起了我们对孩子学习原动力的思考。如果学习是为了一部手机的话,那拥有手机的孩子是不是可以不学习了呢?如果学习是为了上大学的话,那上了大学的孩子是不是可以不学习了呢?如果学习是为了有一个工作的话,那有工作的孩子是不是可以不学习了呢……

从学习引申到孩子的成长——孩子成长的原动力在哪儿呢?家学建设的逻辑起点又在哪儿呢?

二、本末——固本求末

“本”与“末”是中国哲学史的一对范畴。“本”是指宇宙本源，“末”是指天地万物。但这样讲起来，太宏大、太抽象，不容易理解，我们还是通过故事和解密汉字入手。

（一）读了名著，作文还写不好？

前些年，一个家长问：“孩子非常喜欢读书，连四大名著都读完了，可是作文还是没有主旨，这是为什么？”

原因可能是多方面的，但有一个非常重要的问题值得大家思考：在国学书籍中，四大名著属于哪一层次的书？

清乾隆年间，大学士纪晓岚带领众多学者编撰了一部《四库全书》。该丛书分为经、史、子、集四部。经，是指以十三经为主的儒家经典；史，是指以“二十四史”为主的各种史书；子，是指诸子百家和各种类书；集，是指各种诗文总集和专集。四大名著属于哪一部呢？《四库全书》收录的是文言，而四大名著属于白话小说，所以当初没有被收入，如果一定要收入，应属于子部的小说类。

在笔者看来，“经”相当于树根，经就是经典，它指的是那些至高无上、垂训万世的典籍，具体就是指儒家的经典，是古代读书人都要熟读的基本书目，是各种学问的根柢；“史”相当于树干，是历史发展的主脉——秦、汉、魏、晋、唐、宋、元、明、清，是可见的；“子”相当于树枝，让这棵大树丰富多姿；那“集”呢？相当于树叶，让这棵大树茂密丰满（图2.11）。

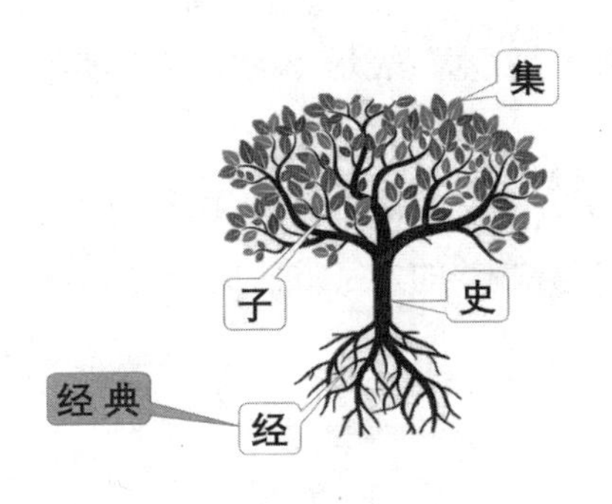

图2.11　经、史、子、集

一棵树多一片树叶，对树不会有什么影响，少一片树叶也不会有什么影响，到了冬天，有些树木树叶落净，树还是树，但如果没有树根呢？树的生命就没有了，树就不能成为树了。

笔者讲到这里，可能有些家长紧皱的眉头就舒展开来了：要让孩子读"经"，解决思想认识的问题，作文就有主旨了。

其实作文的主旨就是国人为人、做事的原则，就是国学经典的核心思想——"自强不息""厚德载物"与"止于至善"，就是国学经典的"本"，也是家学建设之本。

（二）"六书"——造字法

在解读"本"和"末"之前先了解一下汉字的造字方法。学术界将汉字的造字方法总结为六种，简称"六书"，其中常见的四种是：

象形，用线条画出事物的外形特征。如"日"（日）、"月"（月）、"山"（山）等。

指事，用符号表示不便画出的事物。如"刃"（刃）字，是在"刀"（刀）的锋利的一侧加一点，表示刀刃处。

会意，由两个或多个独体字组成表达此字的意思。如"休"（休）字，是由"人"字和"木"字合成，人靠在树上，表达休息的意思。

形声，由形旁和声旁组合而成。形旁是指示字意，声旁表示发音。如“株”字，形旁是“木”，表示和树木有关，声旁是“朱”，表示读音与之相近。

另外两种造字方法是转注与假借，由于应用不多，不作介绍。

大家猜猜“本”与“末”的造字方法属于哪一种呢？

（三）“本”“末”——根本与末梢

扫码观看解读视频

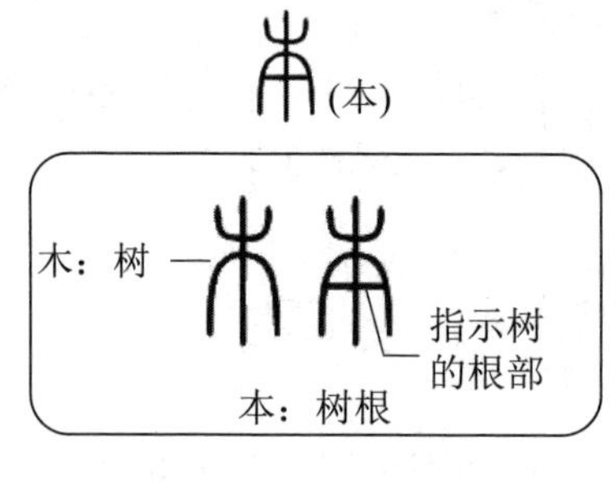

图2.12 “本”的古字

(末)
木：树
指示树梢
末：树梢

图2.13 “末”的古字

本，属于指示字，金文写作“”，是“树”（）的根部加点指示符号，表示树在地下的部分——树根（图2.14）。篆文“”将根部的点简写成一横（图2.12）。“根”和“本”又有什么关系呢？其实“根”就是“本”，“本”也是“根”，所以有一个词就叫“根本”，指事物的本源。

图2.14 树“根”

图2.15 树“梢”

末，金文“[illegible]”在“木”([illegible])的上端加一横指示符号，表示树梢(图2.13和图2.15)。“末”和“梢”合在一起成为一个新词，就是“末梢”，指事物的末尾，非中枢部分。

一棵树的本与末，世人皆知，孰重孰轻，也毋庸置疑，国学经典的本在哪？家学建设的本在哪？孩子成长的本在哪？如何坚守这个本？这些并不是很容易说清的，上面关于“作文主旨”的故事就是一个实例。

三、道德——寻找人生之路

道德，这两个字人们太熟悉了，它可以是一个词，如道德文章、仁义道德、道德责任、道德教育；它也可以是两个词，如道微德薄、至德要道、道高德重。下面还是通过讲故事和解字来把握这两个字的内涵。

(一) 项羽的志向

> 项籍(项籍字羽)少时，学书不成，去，学剑，又不成。项梁怒之。籍曰：“书，足以记名姓而已。剑，一人敌。不足学。”梁曰：“汝何学？”曰：“欲学万人敌。”梁知其欲学兵法，乃教之，籍大喜，略知其意，又不肯竟学。……秦始皇帝游会稽，渡浙江，梁与籍俱观。籍曰：“彼可取而代也。”(《史记·项羽本纪》)

项羽小时候，开始学习写字，没学成就放弃了。之后学习剑术，又没学下去。他的叔叔项梁很生气。

项羽说：“写字，能够记下姓名就行了。学习剑术，也只能对付一个人。这不值得学。”项梁问：“那你要学什么？”项羽说：“我要学习能敌过万人的本事。”

于是项梁就教项羽兵法，项羽非常高兴，可是刚刚懂得了一点儿兵法的大意，又不想学了。秦始皇游览会稽郡渡钱塘江时，项梁和项羽一块儿去观看。项羽说："那个家伙的皇位可以拿过来，我替他坐！"

读完故事，不着急对项羽的表现进行评价，不必说他学习没有恒心，也不必说项羽有远大理想。理性地分析一下，其实，项羽是在寻找一条最适合自己的路。每个人来到这个世界都是带着自己的使命来的，这一使命藏在自己的心灵深处，用现在人们常用的词语来说就是志趣与梦想，就是"志"。这个使命也藏在大千世界里，要努力去寻找，当这个"志"和自己的工作、事业一致的时候，人们就会迎来从容、幸福、快乐、有趣的人生。

（二）"道""德"——寻找未来

扫码观看解读视频

（道）

四通的大路

止：行走

首：突出眼睛

道：人们所走的路

图2.16 "道"的古字

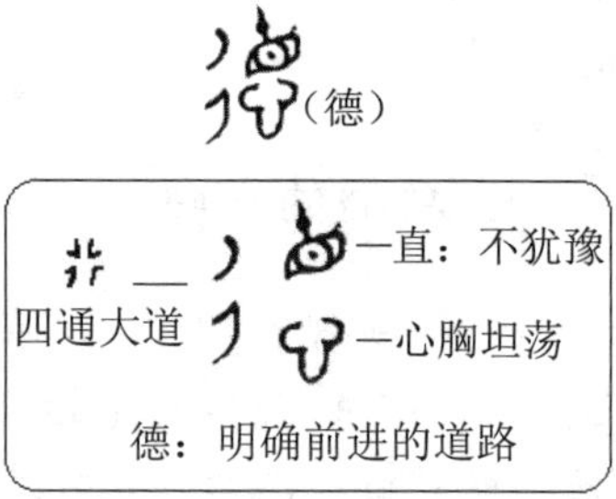

（德）

四通大道

一直：不犹豫

一心胸坦荡

德：明确前进的道路

图2.17 "德"的古字

道，小篆写作""（图2.16），金文写作""，去掉中间的部分，两边的""是"行"的象形，代表四通的路，即十字路口。中间的""是"首"，大大的眼睛显得很突出，代表观察、思考、选择，放在""之中，代表人在十字路口观察、思考自己要走的路（图2.18）。

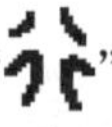

“”是“脚”的象形，是“止”字，代表行走，意思是说在十字路口光思考是不够的，还需要试探一下，看是否合适。

图2.18　“道”字图示

合在一起，“道”指在人生的十字路口通过观察、思考、试探，最后确定一条适合自己的路。

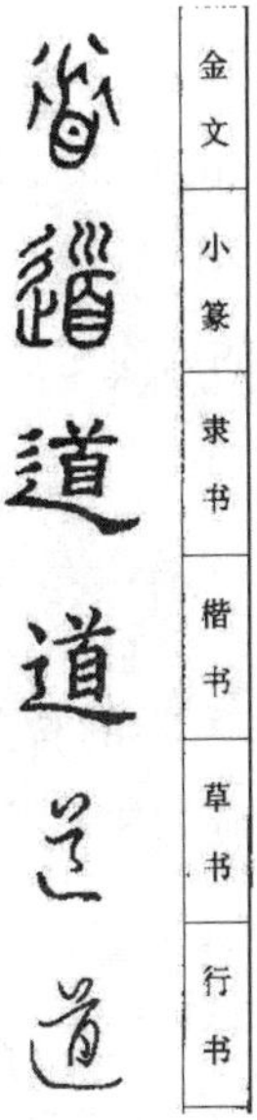

如图2.19所示，“”是走之旁，“”是“”(行)的一半，现在称双人旁，但双人旁和“人”没有关系，和“行”有关系，如“街、往、徒、径、徊、徘、徙”，“”是“止”。

金文	小篆	隶书	楷书	草书	行书

图2.19　“走之旁”以及“道”字的演变

德，甲骨文写作“”，“”是“行”字，十字路口，是“直”字，表示不曲折、不犹豫，明确方向。后来将“”(行)简化为“”(彳)。合起来表示看清道路的方向，作出了明确的选择，大道直行。

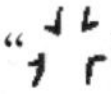

德，金文写作“”（图2.17），将甲骨文的“”写成“”，在方向上加了一点，表示指示。右下是“”（心），突出用心作出的决定。观察、思考都是理性的判断，是“脑”的行为，而心是情感选择。篆文“”，在“”与“”之间误加一横，成了后来“德”的字形。

总结一下，孩子的成长、家族的发展、民族的进步之路有很多的选择，但就个体而言，最适合自己的路可能只有一条。观察、思考、判断的过程就是“道”；而心脑并用，作出最好的判断，找到自己的出路，就是“德”。“道”是过程，“德”是结果。老子的经典著作就叫《道德经》，颠倒过来说就是“德—道”，“德道”同“得道”，找到自己人生之路的人就叫“得道高人”。当然，这样理解还是有一点狭隘，“得道”最终是指了解宇宙自然和社会发展的规律。

一般看来，有道德和讲文明好像差不多，其实二者有着本质的区别，讲文明关注的是人与人的关系，而道德关注的是人生的智慧。有道德绝不仅仅指对人有礼貌和给老人让座等文明行为，而是正确认识自己，不盲从，不跟风，正确地选择适合自己的人生之路。

四、寻道有德，智慧选择

本章第一节讲到“智慧”是以不变应万变，家学的智慧之一就是要研究家庭成员的先天因素，同时选择与之相应的成长途径，在研究可变因素的基础上坚守不变的方向。

（一）1000年前的两个天才

天才甲：

生五年，未尝识书具，忽啼求之。父异焉，借旁近与之，即书诗四句，并自为其名。其诗以养父母、收族为意，传一乡秀才观之。自是指物作诗立就，其文理皆有可观者。

天才乙：

少好读书，一过目终身不忘。其属文动笔如飞，初若不经意，既成，见者皆服其精妙。友生曾巩携以示欧阳修，修为之延誉。

两位天才同岁，宋真宗天禧五年（1021）出生，一个生在江西金溪，一个生在江西临川，两地相距50千米。两人还认识，最少见过两面，能猜出两人分别是谁吗？

第一位是方仲永。仲永长到五岁，从来没有见过笔，当然也没有上过学，却忽而想要。拿到纸笔即刻诗成，立意踏实，形式规范，这当然是天才（故事选自《临川先生文集·伤仲永》）。第二位是《伤仲永》的作者临川先生——王安石，读书过目不忘，作文思如泉涌，不经意间美文既成，也是个天才。

同样是天才少年，但两人的结果却大相径庭，一个是"泯然众人"，一个则成为一代文豪，改革先驱。

原因之一是家族的影响不同。

仲永"世隶耕"，祖辈都是农民。而王安石的家族在69年中，登进士者8人，分别是王安石本人，王安石的叔祖王贯之、父亲王益、长兄王安仁、四弟王安礼、五弟王安国、六弟王安上、长子王雱[①]。

原因之二是生活的环境，按现在的说法就是朋友圈不同。

方仲永周围最有学问的人是"乡秀才"和"邑人"，秀才做的回应是"观之"，看了而已。"邑人"所做的回应是：

邑人奇之，稍稍宾客其父，或以钱币乞之。（王安石《伤仲永》）

乡人对此都感到非常惊奇，渐渐地以对待宾客之礼节对待他的父亲，还有人花钱求取仲永的诗。再看王安石的朋友圈，第一位就是

① 雱：音pāng，雨雪大。

比王安石大两岁的曾巩，曾巩看了王安石的文章后，不只是佩服，还将其推荐给当时的文坛领袖欧阳修，欧阳修更是一位爱才之人，亲自为王安石"延誉"（传扬好名声）。

补充一下：曾巩同样是一位少年天才，记忆力超群，幼时读诗书，脱口能吟诵，年十二即能为文。其祖父和父亲均为进士、北宋名臣，嘉祐二年（1057），曾巩带着弟弟曾牟、曾布及堂弟曾阜还有两个曾家女婿，参加会试，结果六人全中进士，一时传为佳话。

原因之三是家庭的引导不同。

方仲永的家庭引导是每天带领着仲永四处拜访同乡的人，不让他学习，把天分变成了世俗的摇钱树。结果大家都知道，十二三岁时，方仲永作诗便大不如从前了，到二十岁就"泯然众人"，天分完全消失，与常人等同了。这里不是说常人不好，只是为方仲永的天分没有被发扬光大而可惜。

王安石受到的家庭教育如何，史书中记载不多，但从他的《赠外孙》一诗中可以看出家族对孩子天性的保护和对读书的重视。

赠外孙

宋　王安石

南山新长凤凰雏，眉目分明画不如。

年小从他爱梨栗，长成须读五车书。

"从"同"纵"，是放纵，换一个词是"鼓励"，强调孩子小时候不要被过度保护，要鼓励孩子去探索周围的世界。稍大一点要博览群书，向圣贤学习，摆脱俗念，追求高远之境界。王安石对后代是这样要求的，他自己也是这样做的，做了宰相，想的是为朝廷改善财政，而自己的生活依然节俭。可以推断出，王安石小时候受到的家庭教育也理应如此。

（二）天道与人德

老子《道德经》第五十一章讲：

> 道生之，德畜之，物形之，势成之。是以万物莫不尊道而贵德。

意思是道生成万事万物，德养育万事万物。物既成形，则形形相生，产生无穷万物，这一切的形式，是由一个名叫“势”的力量在其中操纵，故此，万事万物莫不尊崇道而珍贵德。

根据上面的论述，万事万物的产生是“道”的作用，万事万物的成长是“德”的化育。人是万物的一分子，当然也决定于这一规律。就人的成长而言，“道”可理解为天道，“德”可理解为人德，一个人的生命是父母给的，这是不需要自己努力的，生命的先天状况由遗传决定，这就是天道；但一个人的成长与后天的环境与自己的修为有极大的关系，生存的环境与自身的修为就是人德。

瑞士心理学家让·皮亚杰认为，人的发展是个体内在因素(如先天遗传的素质、机体成熟的机制等)与外部环境(外在刺激的强度、社会发展的水平、个体的文化背景等)相互作用的结果。

根据老子的论述和现代科学的理论，可以对先天的遗传和后天的教育做如下分析推论。

人的遗传主要来自以下四个方面。

一是自然遗传。人是自然进化的结果，当然会遵循自然规律，主要特征是万物平等、和谐相处。

二是社会遗传。人是生物的一个种类，而又异于其他生物种类，从某种意义上来说，又优于其他物种，是万物之灵，自然会具有唯我独尊、万物为我所用的特征。

三是家族遗传。人都是父母所生，遗传家族的血缘与文化，当然会有家族至上、维护家族尊严的特征。

四是自身遗传。每一个人作为生命个体,是异于其他任何生命的独立存在,一定有追求个体独立与自由的特征。

每一个人都会遗传上面四种属性,生命遗传是必然的,但就生命的个体来说又具有随机性,就是说,上面四种遗传属性在每一孩子的身上所占的比例是不同的,就算比例相同,遗传的素质也不同,这就形成了孩子先天的差异。

与之承接,教育环境也可以分为以下四个方面。

一是自然环境。包括时间:日出月落,春夏秋冬;包括空间:日月星辰,大地山川;包括自然现象:风雨雷电,潮起雁归;包括万物:土石水火,草木禽兽……

二是社会环境。包括生存:吃穿住行,生老病死;包括文化:文学艺术,消费娱乐;包括社会:朋友团体,国家政党;包括历史:战争和平,改革演变……

三是家族环境。包括成员:父母子女,内亲外戚;包括族系:祖宗嫡庶,爷父子孙;包括职业:士农工商,政治管理;包括文化:族规家训,气氛心理……

四是自我特质。包括身体状况,自我认识,自我管理,自我超越能力……

这四个方面因素对孩子影响的比例和强弱,形成了后天教育与影响的总和。先天的遗传即为"天道",后天的教育与影响即为"人德"。

(三)寻"道"有"德"

"道",就宇宙而言,指万物的本源与规律;就家族而言,指家族的发展方向;就个人而言,指个人的成长途径。在这个意义上讲,"德"是人们对"道"的认识,是家族找到了适合自身的发展方向,是个人找到了适合自身的成长途径。就个人遗传与后天成长来说,"道"是先天遗传，是不可控的，却是可以认识的；“德”是后天的教育与环境，环境很难彻底改变，但可以选择。

个人的成长目标是成人、成才。成人是成就和谐的人格，成才是个人的先天特质得到充分的发挥。人格的和谐可以达成与社会和谐相处，先天特质的充分发挥可以实现人生价值。认识孩子的先天特点，选择合适的教育方式与环境，可谓寻“道”有“德”。

“自然遗传”为主导的孩子，喜欢花草树木、鸟兽虫鱼、名山大川。这样的孩子要多给他接触大自然的机会，与自然在一起，他的先天遗传自然会得到外现，如李白：

> 我本楚狂人，凤歌笑孔丘。
> 手持绿玉杖，朝别黄鹤楼。
> 五岳寻仙不辞远，一生好入名山游。
> （李白《庐山谣寄卢侍御虚舟》）

李白在天地山水之间时成就了“诗仙”之名，找到了人生道路，包括唐玄宗的赐金放还也是在助力“诗仙”的成就。

“社会遗传”占主导地位的孩子，具有“人来疯”特点，如《红楼梦》中的王熙凤，她不识字，但却能把偌大的一个贾府管理得井井有条。这样的孩子要多参加活动，参加聚会，并在活动中寻找实现自我的机会。

“家族遗传”占主导地位的孩子，与“家里横”不同，这样的孩子喜欢和家人在一起，愿意接受家人的关心与指点，家庭应该给予更多的关心与引导。如获得“钢琴诗人”之美名的傅聪，其成长与父亲傅雷的一封封温暖而智慧的家书有着密切的关系。

“自我遗传”占主导地位的孩子，喜欢独处，喜欢自己玩，家庭只要给他充分的自由与空间、时间，他就会健康地成长。诸葛亮在27岁出山之前，隐居躬耕南阳，潜心读书，世称“卧龙”。之后才有了刘备“三顾茅庐”、蜀汉“三分天下”。

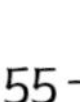

五、固本求末，成长有序

一次旅程有其出发点，一种思想的形成有其逻辑起点，一个孩子的成长有其出发点……因此，探讨家学建设的本与末是必要的，更是必需的。

（一）固“本”——“此心不动”

王阳明不仅是明代最著名的思想家、文学家、教育家，同时又是卓越的军事家，亲自指挥的大型战事就有三场：平定赣南叛乱、讨伐宁王反叛、剿抚两广民乱。每次战役均以少于对手的兵力和较少的代价获得全胜。

曾经有弟子问王阳明：“用兵是不是有特殊的技巧？”

王阳明回答：“哪里有什么技巧，只是努力做学问，养得此心不动；如果非要说有技巧，那此‘心不动’就是唯一的技巧。”

“此心不动”便是《大学》中的“知止”。

知止而后有定，定而后能静，静而后能安，安而后能虑，虑而后能得。（《大学》）

经典之所以成为经典，就是因为其可以根据自己所处的时空、环境来解读，《大学》中的这句话学术界有很多权威的解读，以下是笔者的理解。

“知止”是明确自己一生什么是该做的，什么是不该做的，该做的一定要坚守，不该做的坚决放弃。“知止”不只是明白，更是明白之后的坚守，如坚决抵挡住功名利禄等诸多诱惑，永恒践行自己的志向。孔子“十有五而志于学”，就是确定了自己永恒的志向——做学问，而且终生坚守，终成万世师表。

“定”是指身定，就是管住自己的手，管住自己的嘴，控制自己的行为。悬梁刺股、闻鸡起舞就是很好的例证，坚持自己该做的事情，与生命的慵逸作坚决的斗争。

“静”是指脑静，不头脑发热，控制好自己的情绪。头脑发热作出的决定往往是不科学的。头脑发热往往挡不住诱惑，就不能坚守“初心”。“不忘初心”，就是不忘最初的“志”。

“安”就是安心，安心就是不为他心所动，看到他人的生活，可以欣赏、点赞、借鉴，但不要羡慕，不要嫉妒，更不能跟风，要坚守自己的生活，心安才会理得。

“得”的是什么，不是所谓的成功，更不是功名利禄，得的是“道”，这样的人就是“得道”之人。小则淡定、从容走完属于自己的人生之路，大则探索天地宇宙之大道，推人道以及天道，为人类的思想进步作出自己的贡献——让世界因自己而不同。

（二）慎“始”——“矢志不渝”

一生创建了两家世界五百强企业的日本企业家稻盛和夫说过：

> 通过一生的历练，灵魂是否比出生时更美好一点，人格有没有略微提升一点，远比获取名利重要得多。（《心：稻盛和夫的一生嘱托》）

这也许就是人一生“得道”的过程及其结果的具体描述。稻盛和夫一生所追求的是人格的提升，在追求的过程中完成了京都陶瓷株式会社和第二电气企划株式会社的成功。

《大学》讲：

> 物有本末，事有终始，知所先后，则近道矣。

这句话的意思是天地万物皆有本有末，凡事都有开始和终了，能够明白本末、终始的先后次序，就能接近《大学》所讲的“修己治人”的道理了。在稻盛和夫的案例中，“修己”就像是人格的提升，“治人”就相当于事业的成功。试想，如果稻盛和夫一生的目标就是要创建两家世界五百强企业，结果会如所愿吗？这很难说。这样看来，慎“始”

极为重要。正如《易经》所说：

君子慎始。差若毫厘，谬以千里。

初始阶段的点滴差异都可能导致其后很大的错误或者不同。中国有句老话叫作“三岁看大，七岁看老”，意思是从幼儿的心理特点、个性倾向，就能看到这个孩子青少年时期的心理与个性特点的雏形。而从少年的志向中，能看到他中年以后的成就和功业。如王阳明就不同凡俗，认为“科举并非第一等要紧事”，天下最要紧的是读书，做一个圣贤之人。因此，我们需要慎重地对待开始阶段的人生信念的选择。明代御史张瀚所撰《松窗梦语》中记录了一个“新鞋踩泥”故事：

张瀚刚任御史的时候，曾经去拜见都台长官王廷相。王廷相给张瀚讲述了自己的一次乘轿见闻：一天，乘轿进城，路上遇到大雨。一轿夫脚穿新鞋，从灰厂到长安街，小心翼翼择地而行，生怕弄脏了新鞋。进城后，路面泥泞渐多，轿夫一不小心，踩入泥水坑中，由此便高一脚低一脚地随意踩去，不复顾惜了。

可见，慎“始”包括慎重地对待开始阶段的人生信念的选择，同时更包括对信念的坚守，慎“始”——矢志不渝。

（三）家学之“本”在哪儿？

上面讲了固“本”的重要，也讲了慎“始”的必要，那家学育人从哪儿开始呢？家风、家训等家学文化的思想起点在哪儿呢？还是从两个字开始说起。

第一个字是“[illegible]”，这个字代表一个人的头发很长，背有些弯了，路走不稳，拄着一个拐杖，是“老”字。

传说，很久很久以前，生产力水平极低，人老了，不能劳动了，就由孩子将老人背到山上喂野兽。话说有一天，一个儿子背着自己的母亲往山里走，母亲一边走，一边用手里的树枝在地上划痕迹。

儿子问："母亲，您不回来了，为什么还在地上划痕迹呢？"

母亲说："我是不回来了，可你还要回去，我怕你找不到回家的路。"

儿子听后，做出了改变人类历史的一个重要决定，他背着母亲向后转，回家……

从此，老人手里的拐杖不见了，取而代之的是"子"，"孝"（孝）字由此产生。

《论语·学而》讲：

子曰："弟子入则孝，出则弟（悌），谨而信，泛爱众，而亲仁，行有余力，则以学文。"

意思是孩子们在家要孝顺父母，出门要尊敬兄长，做人言行要谨慎，讲话要讲究信用（讲信用，绝不仅仅是对别人讲信用，更重要的是要对自己讲信用，其实就是对自己未来的承诺），还要广泛地友爱众人，亲近有仁德的人，这些都做到了，还有余力，就用来学习各种文化知识。

可见，孩子成长的本是"孝"，直白点说就是对父母、对家庭的忠诚，这样之后，才会有对学业的忠诚，对朋友的忠诚，对事业的忠诚，对民族的忠诚……

我们当下应该更关注"本"，像关注"文"一样关注"谨""信""爱众""亲仁"，而且更重要的是"行"，就是要身体力行，去实践。这就是家学的序列，从"孝"开始，以"文"结束。**"孝"是"本"，"文"是"末"**。用简化的汉字来记住这一点——"孝"和"文"合在一起就是"教"。

讲到这，我们回头看本节最开始的"手机协议"。其实，没有必要把亲子关系变成管理者与被管理者之间的合同关系，孩子修养的底线"孝"做到了，如果确实需要手机，给就是了，不要和成绩联系起来。

一个孩子有了"孝"，就有了道德之本，就像大树的根深深扎入了泥土中，那他的人生又会偏离到哪里去呢？如果这一点都没有践行，

就算成绩好，意义也不大。况且，用手机换出来的成绩也不会长久。

讨论到这里，可以明确了——**家学建设的出发点是“孝”**。

六、宋词与“人生三境界”

> 古今之成大事业、大学问者，必经过三种之境界：“昨夜西风凋碧树。独上高楼，望尽天涯路。”此第一境也。“衣带渐宽终不悔，为伊消得人憔悴。”此第二境也。“众里寻他千百度，蓦然回首，那人却在灯火阑珊处。”此第三境也。（王国维《人间词话》）

昨天晚上刮了一夜的冷风，树叶凋落，形势严峻，其他人都躲进了温柔乡，只有自己独自登上高楼，极目远眺，向远处望去，向未来望去。明确方向，这就是成长的第一境界——立志。

为了这一志向，就算自己消瘦、憔悴也不会抱怨、不后悔，要敢于创新，善于等待。执著追求，一直走在实现梦想的路上，这就是人生第二个境界——奋斗。

目标是明确的，但不惟目标，坚守初心，不惟功，不惟名，关注过程，享受奋斗本身带来的快乐，别人看不到的东西能明察秋毫，别人不理解的事物会豁然贯通。这样，在不知不觉中就进入了人生第三个境界——淡然。

王国维先生如此高明，将成就大事业、大学问者的三个境界描述得如此诗情画意，沁人心脾。让我们的内心为之感动，这就是诗和词给我们带来的生命的感发。本节前五点是理性的思考，目的是理解与明白家学的起点与成长的次序。但从明白到认可需要一个过程，从认可到不忘是一个过程，从不忘到自觉的践行又是一个过程，最后的目标是知行统一。经常吟诵诗词就可以让我们逐渐从情感上认同这些，在吟唱中记住这些，从而做到自觉践行。

当然这三句话本身不是王国维先生的原创，而是源自下面三首宋词。吟诵这三首宋词，进一步体验本节的观点——**“家学建设的出发点是‘孝’”**。

扫码跟随音频吟诵

蝶恋花

宋　晏殊

槛菊愁烟兰泣露，罗幕轻寒，燕子双飞去。
明月不谙离恨苦，斜光到晓穿朱户。
昨夜西风凋碧树，独上高楼，望尽天涯路。
欲寄彩笺兼尺素，山长水阔知何处！

蝶恋花

宋　柳永

伫倚危楼风细细，望极春愁，黯黯生天际。
草色烟光残照里，无言谁会凭阑意。
拟把疏狂图一醉，对酒当歌，强乐还无味。
衣带渐宽终不悔，为伊消得人憔悴。

青玉案

宋　辛弃疾

东风夜放花千树，更吹落、星如雨。
宝马雕车香满路。凤箫声动，玉壶光转，一夜鱼龙舞。
蛾儿雪柳黄金缕，笑语盈盈暗香去。
众里寻他千百度，蓦然回首，那人却在，灯火阑珊处。

总之，“道德”是明确人生之路的过程，而这条路也是家学的形成之路，这条路的本与起点在“孝”，那方向与目标在哪儿呢？下一节将继续讨论。

拓展阅读

孔子学生的境界——社会担当与天人合一

子路、曾皙、冉有、公西华陪孔子坐着。孔子问几个学生的理想。

子路急忙回答说："一个中等大的国家，就算遇到战乱和饥荒，如果让我治理这个国家，三年功夫，可以使人人勇敢善战，而且还懂得做人的道理。"

孔子听了，微微一笑。

冉有回答说："一个小国家，如果让我去治理，等到三年，可以使老百姓富足起来。至于振兴礼乐教化，那就只有等待贤人君子了。"

公西华回答说："我只能做一些小事，宗庙祭祀或诸侯会盟，我愿意穿着礼服，戴着礼帽，做一个小小的司仪。"

曾皙弹瑟的声音渐渐稀疏下来，铿的一声，放下瑟直起身来，回答说："暮春时节天气暖和，春天的衣服已经穿好了。我和五六位成年人，六七个少年，到沂河里洗澡，在舞雩台上吹吹风，唱着歌走回家。"

孔子长叹一声说："这也是我的想法呀！"孔子与曾皙所追求的正是为学的最高境界——天人合一。

原文：

子路、曾皙、冉有、公西华侍坐。子曰："以吾一日长乎尔，毋吾以也。居则曰：'不吾知也！'如或知尔，则何以哉？"

子路率尔而对曰："千乘之国，摄乎大国之间，加之以师旅，因之以饥馑；由也为之，比及三年，可使有勇，且知方也。"

夫子哂之。

"求，尔何知？"

对曰："方六七十，如五六十，求也为之，比及三年，可使足民。如其礼乐,以俟君子。"

"赤,尔何如?"

对曰:"非曰能之,愿学焉。宗庙之事,如会同,端章甫,愿为小相焉。"

"点,尔何如?"

鼓瑟希,铿尔,舍瑟而作,对曰:"异乎三子者之撰。"

子曰:"何伤乎?亦各言其志也!"

曰:"莫春者,春服既成,冠者五六人,童子六七人,浴乎沂,风乎舞雩,咏而归。"

夫子喟然叹曰:"吾与点也!"

本节思维导图

循道有德,固本求末

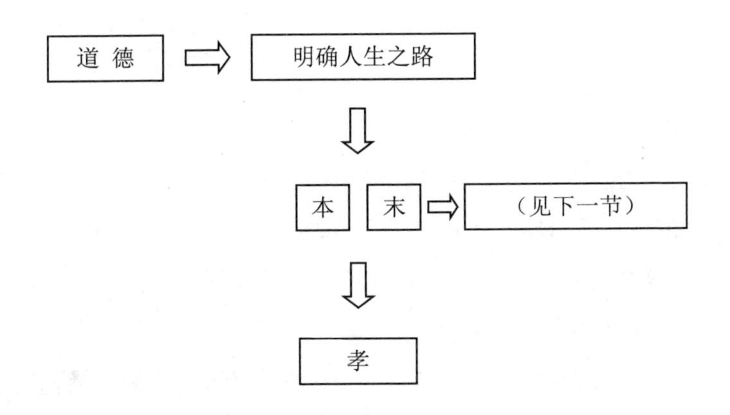

第三节　境、界、格、局——提升境界，拓展格局

家学建设的智慧就是要明确线路图，出发点是“孝”，本节讨论的是方向。

境界是思想的高下，格局是胸怀的大小；境界展现人格的魅力，格局是奠定人生的价值。提升境界、拓展格局是家学建设的方向与目标。

俗话说，有多大的锅，才能烙多大的饼！

一、三篇美文的差异

落霞与孤鹜齐飞，秋水共长天一色。（王勃《滕王阁序》）

遥远的天际，紫色的晚霞静静地拂过眼帘，空中一只或白或黑、或黑白相间的孤鹜悠然飞过。一碧无垠的秋水与辽阔无边的天空相连，整个天地如此和谐与安详地交汇于一片蔚蓝之中……凡是读书人都会顺口说出这一名句。

《滕王阁序》是初唐四杰之一的王勃的名篇，对仗工整，声律铿锵，辞藻华丽，用典恰当。文章后半部写道：

嗟乎！时运不济，命途多舛。冯唐易老，李广难封。……穷且益坚，不坠青云之志。

汉代冯唐才干出众，但一直得不到重用，经历了汉文帝、汉景帝

时代，直到汉武帝求贤士，才被推荐，可这时冯唐已经90岁了。汉武帝时期的名将李广，运气好一些，有机会征战疆场，功劳卓著，但终身未得封侯。这是王勃对自己的感叹：命运蹉跎坎坷，前途艰险不顺，不得重用。但他不会因此而消沉，接着就表达了“穷且益坚，不坠青云之志”的豪情。

怀才不遇的愤懑也好，坚守抱负的决心也好，作者仅仅是站在自己的角度上，因自己的利害得失或喜或悲，文章所展现的格局是**“个人格局”**，所展现境界是**“功利境界”**。

> 不以物喜，不以己悲。居庙堂之高则忧其民，处江湖之远则忧其君。（范仲淹《岳阳楼记》）

不因为外物的好坏和自己得失而或喜或悲。做官就要为百姓担忧；在地方任职就为国君忧虑。《岳阳楼记》是范仲淹应滕子京之请为重修岳阳楼而作。滕子京和范仲淹是同科进士、好友，因遭不实弹劾被贬岳州。上面的语句既是范仲淹对好友的鼓励与安慰，也是对自己的鞭策。他从小就有志于天下，常自诵曰：“士当先天下之忧而忧，后天下之乐而乐也。”可见，这一忧乐观是范公一生的行为准则。文章所展现的格局是**“家国格局”**，所展现境界是**“道德境界”**。

> 逝者如斯，而未尝往也；盈虚者如彼，而卒莫消长也。盖将自其变者而观之，而天地曾不能一瞬；自其不变者而观之，则物与我皆无尽也，而又何羡乎！（苏轼《赤壁赋》）

时间流逝就像这水，其实并没有真正逝去；时圆时缺就像这月，终究没有什么增减。从变化的角度来看，天地间万事万物时刻都在变动，眨眼的工夫都不停；而从不变的角度来看，万物同我们来说都是永恒的，又有什么可羡慕的。《赤壁赋》是苏轼于宋神宗元丰五年（1082）贬谪黄州时所做。同样是人生不顺，但苏轼超越了个人的得失，超越了社会，超越了时空，进入了**“天人合一”**的境界。

王勃给人们留下最深的印象是“神童”，是才华横溢与文采斐然；

范仲淹给人们留下的印象是“仁人志士”，是文武兼备，鞠躬尽瘁。而林语堂在《苏东坡传》(宋碧云译)中对苏轼有如下评价：

苏东坡是一个不可救药的乐天派，一个伟大的人道主义者，一个百姓的朋友，一个大文豪，大书法家，创新的画家，造酒试验家，一个工程师，一个憎恨清教徒主义的人，一位瑜伽修行者，佛教徒，巨儒政治家，一个皇帝的秘书，酒仙，厚道的法官，一位在政治上专唱反调的人，一个月夜徘徊者，一个诗人，一个小丑。但是这还不足以道出苏东坡的全部。

二、境界——思想的高下

读书讲境界，为官讲境界，做人讲境界。道家讲境界，佛家讲境界。王国维先生讲境界，冯友兰先生讲境界……

到底什么是“境界”，还需要从这两个字的本源开始探寻。

(一) 分封、宗法与境界

讲“境界”一词不妨从周朝的分封制与宗法制讲起。

1. 周朝的分封制

大约公元前1046年，武王伐纣建立了周朝，随后周天子分封天下，将土地连同土地上的百姓，分别授予王族、功臣和古代帝王的后代，让他们建立自己的领地，拱卫王室，这就是分封制，分封是逐级进行的：天子→诸侯→卿大夫→士→平民→奴隶(图2.20)。

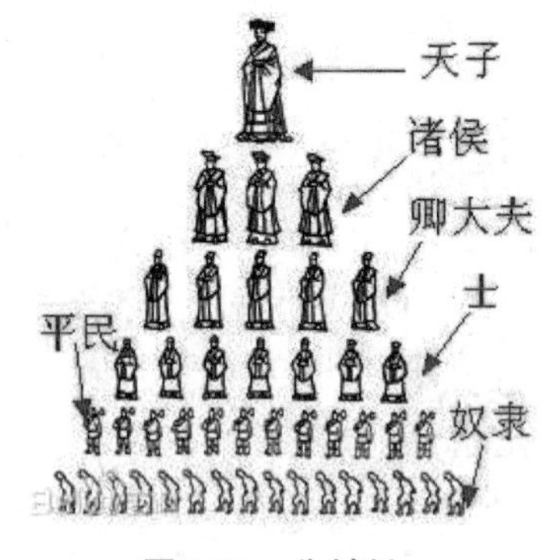

图2.20　分封制

周天子拥有“天下”，诸侯的土地是天子所赐，天子是诸侯的宗主，同时周天子也具有自己的封地——镐京与洛邑。

诸侯拥有“国”，诸侯封国的面积大小不一，封国国君的爵位也有高低之分，依次为公、侯、伯、子、男、附庸。诸侯必须服从周王室，按期纳贡，并随同作战，保卫王室。

卿大夫拥有“家”，是诸侯所分封的臣属，辅助国君进行统治，并对国君有纳贡与服役的义务。卿大夫在其“家”内，为一“家”之主，世代掌握所属都邑的军政大权。

2. 周代宗法制

宗族中分为大宗和小宗。周王自称天子，称为天下的大宗。天子除嫡长子以外的其他儿子被封为诸侯。诸侯对天子而言是小宗，但在他的封国内却是大宗。诸侯的其他儿子被分封为卿大夫。卿大夫对诸侯而言是小宗，但在他的采邑内却是大宗。从卿大夫到士也是如此。贵族的嫡长子总是不同等级的大宗。大宗不仅享有对宗族成员的统治权，而且享有政治上的特权。

3. 境界

看这个字“”，是手持树苗，并在树苗的根部培土的象形，这个字就是“封”字，意思是古人在所赐的土地四周种植草木以标志所属的地界。“国”与“国”之间、“家”与“家”之间都有界，界之外为他国，界之内为自己的疆域——境。就一“国”来说，“国”之疆域当然要比“家”大；而横向比较，“国”与“家”都有大小之分。此所谓“境界”有大小。

(二)“境”“界”——思想所存

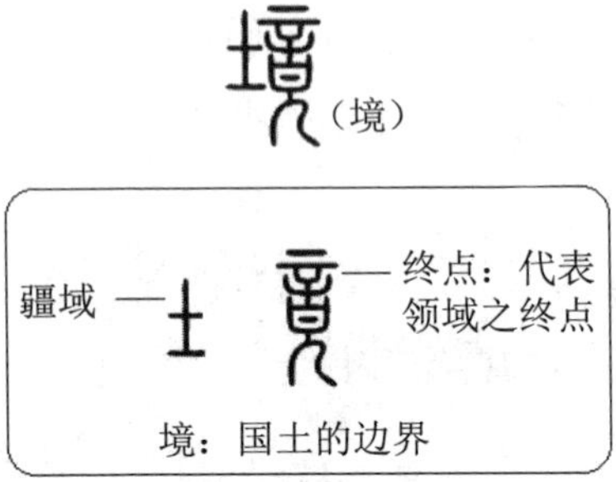

（境）

疆域 —土

竟— 终点：代表领域之终点

境：国土的边界

图2.21 “境”的字

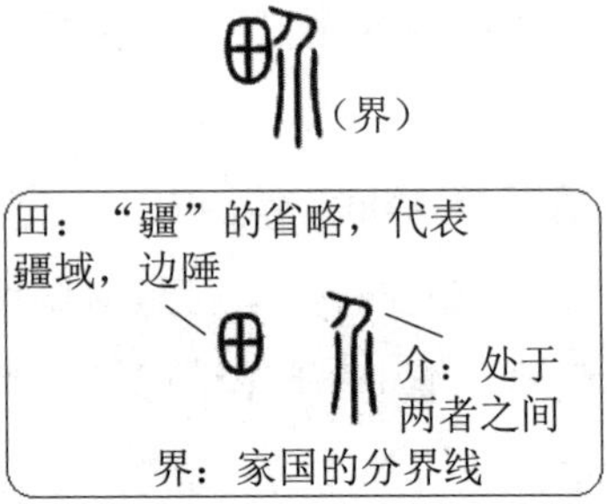

（界）

田：“疆”的省略，代表疆域，边陲

介：处于两者之间

界：家国的分界线

图2.22 “界”的字

如图2.21所示，“境”由“土”和“竟”组成，是形声字。“土”是形旁，表示“境”与“土地”有关；“竟”既是声旁也是形旁，既表读音也表意思。

竟，甲骨文写作“”，上面是“”（辛）字，代表刑具，中间是“”（口）字，代表枷锁，下面是“”（跪着的人），表示披枷受罚的犯人。合在一起表示犯人披枷带锁押赴刑场，图2.23是金文的“竟”，更加形象。

图2.23 “竟”的金文

在演化中，“竟”的本意逐渐消失了，引申为“乐曲终了”，再引申为终点、结束。“竟”加上“土字旁”，就是“境”，表示土地、领域之终点，即表示国土的边际，疆界。

界，小篆写作“”（图2.22）。篆文写作“”，上面的“”（田），是“畺”字的省略。“畺”读“jiāng”，古同“疆”，代表疆域、边陲。下面的“”（介）字，意思是处于两者之间。上下和在一起表示两个诸侯国之间的分隔线，指各诸侯、卿大夫封地而建，划界而治。

一块土地有边界,人的精神世界也有边界,也称“境界”。地的境界有大小之分,思想的境界有高低之分。

三、格局——胸怀的大小

据说当年刘禹锡被贬和县,县令给他安排在了城南的三间小屋,刘禹锡的回应是:“面对大江观白帆,身在和州思争辩。”县令听到了很生气,把他调换到城北一间半小屋。刘禹锡的回应是:“杨柳青青江水平,人在历阳心在京。”县令得知更是恼羞成怒,把他安排到城中的斗室,刘禹锡的回应是:“山不在高,有仙则名。水不在深,有龙则灵。斯是陋室,惟吾德馨……”这是刘禹锡对县令做法的不屑,背后是他的格局。

讲“格局”,要从西周的演变与汉字起源说起。

(一) 西周格局之变

周朝建立初期,社会稳定,阶级矛盾不明显,诸侯之间、卿大夫之间相安无事、和平相处,其中,分封制和宗法制起到了很大的促进作用,同时也得益于井田制度和礼乐制度的推行。

所谓“井田制”,就是天下土地产权统归周王所有,周王分封给各个贵族,贵族当然不会亲自耕种,他们将一块地分成九块,分给管辖下的庶民耕种,周边为私田,收成归庶民所有,中间为公田,庶民共同来耕种,收成归贵族所有,贵族向周王交纳贡赋(图 2.24)。

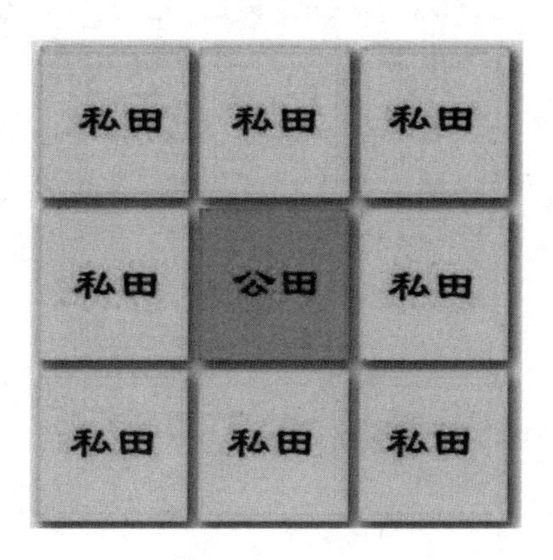

图2.24　井田制

所谓礼乐制度就是通过礼乐

规范贵族的身份地位，要求贵族在衣、食、住、行等方面都要符合自己的身份，贵贱长幼之间要有明显的差别。比如称呼“死”，不同等级的贵族也不一样：天子称崩，诸侯称薨，卿大夫称卒，士称不禄，平民称死。贵族与庶民都认定自己的身份，没有非分之想，社会就会稳定。

春秋后期，由于铁器与耕牛的使用，生产力得到较大的提高，个别贵族为了获取公田以外更多的财富，督促庶民开垦井田以外的空地。这样开垦出来的田地，就成了贵族的私有物，叫私田。这样的私田出现之后，贵族之间争夺田邑、交换土地的情况也时有发生，井田制就日益崩解，原有的社会秩序的平衡逐渐被打破，贵族拥有的封地“境界”被打破，社会的“格局”发生了变化，这就是孔子所担忧的“礼崩乐坏”。

这样，“礼崩乐坏”的局面便出现了。一些卿大夫在夺取国君权力的同时，不但越级使用诸侯之礼，甚至擅自使用天子之礼。按礼，天子的舞用“八佾”（“佾”是“列”的意思，每列八人，八佾六十四人），当时季孙氏身份是卿大夫，却用“八佾舞于庭”，孔丘斥责说：

是可忍也，孰不可忍也！（《论语·八佾》）

意思是连这个都能忍的话，那还有什么是不能忍的呢？卿大夫这样越级使用诸侯之礼，实质上就是夺取政治权力的一种表现。从此，社会的政治“格局”也有了变化。

由此看来，“格局”可以指社会经济格局，也可以指政治文化格局。现在也有这样的表述：格是指以时间为格，局是指时间格子内所做事情以及事情的结果，合起来称之为格局。不同的人，在同一时间内所做的事情以及事情的结果也不一样，所以说不同的人，格局不一样。

（二）“格”“局”——胸怀所在

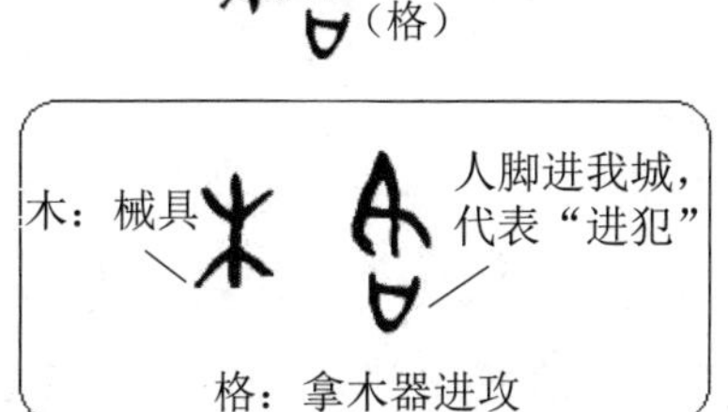

图2.25 “格”的古字

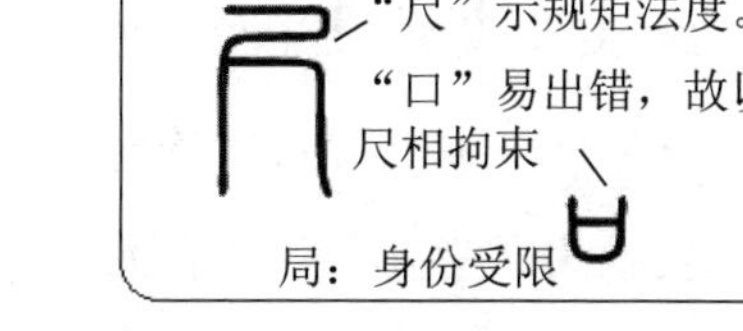

图2.26 “局”的古字

“正”“出”“各”这三个字看上去完全没有关系，但如果说到它们的起源，就会发现它们的起源不仅相近，而且很有趣。

正，甲骨文写作“”，上面的“”（囗），代表城邑，下面的“”（止），是脚的象形，代表行军，像是向别人的城邑走去，代表征伐不义之城。所以“正”的本义指征伐，就是“征”的本字，后来，有的甲骨文写作“”，用“”代表“”，就成了“”（正）字。

出，甲骨文写作“”，和“”（正）字正好相反，上面是“”（止），下面是“”（囗），脚向着离开城邑的方向，表示离城行军，后来写作“”，就成了“出”字。

如果把“”（出）字上面的“”的角度转换一下，就成了“”字。“出”与“各”也就成了反义词，脚趾“”背向城邑为“”（出），表示离开；脚趾“”朝向城邑就是“”（各），表示异族入侵，所以“各”的本义就是“略”，代表侵略。

古人真的非常智慧，“”，我进别人的城邑，就是正义的，是“正”

(征)字；而“”，别人进我的城邑，就是非正义的，就是“各”(略)字，这难道不有趣吗？

格，甲骨文写作“”(图2.25)，由“”(各)加一个木字旁组成，所以“格”的本意是用木械进犯、攻击。

局，篆文写作“”(图2.26)。一种说法是外面是“”(尸)字，指蹲踞之人的象形，里面是“”(句)，表示人佝偻曲背，合在一起，指人在促狭的房屋里不得不弯腰曲背，就是局促意思的本源。另一种说法是外面是“”(尺)，表示规矩法度，里面是“”(口)，是口的象形，合在一起，表示“口”易出错，要用“尺”来规范。两种说法看起来没什么关系，其实意思都是“有限制、有限度”。理解为“局促”，指身体受限制，引申为思想受限制。

综上所述，“格局”是说每个人的身体也好、思想也好，总归是处在有限的范围内。整个人类的生存空间与认识范围同样是有边界的，每个人的成长、人类的发展就是要不断地拓展物理上的与认识上的限制，而这一拓展的过程是要冲破层层阻碍，要付出代价。如人们对宇宙的认识从“浑天说”到“盖地说”，从“地心说”到“日心说”，就是认识格局不断扩大的过程。乔尔丹诺·布鲁诺为冲破“地心说”的思想禁锢，宣传哥白尼的“太阳中心说”，牺牲了生命……

四、提升“境界”的秘诀

提升境界不是简单的面积的扩大，也不是简单的体积的增加，更不是简单的高度的提升，而是对原有的认识在某种意义上的颠覆，这一点可以从数学概念中的“维度”讲起。

（一）维度

零维度是理论上的一个点，它没有长度、宽度、高度，它只是一个概念，不代表任何意义。

一维是一条线，它可以向两端无限延长，它与零维度的区别在于一维是一种存在。

二维是一个面，它可以向四面八方无限扩大，在这个维度里，我们可以画出无比灿烂的图画，因此它比一维要高级无数倍。

三维是一个空间，它可以在空间的上下、前后、左右各个方向无限延伸，可以容纳山川河流、草长莺飞、花鸟鱼虫、亭台楼阁，它比二维要高级无数倍。

四维是空间在时间上的往来，在这里关公可以战秦琼；我们可以在学习历史的时候，想到什么时代看看就到什么时代看看，还可以与未来的自己或曾经的自己进行交流……

根据上面的分析，我们可以得出这样的结论：每增加一个维度，就比原来高级无数倍，以此类推，到“N”维，“N”趋于无穷大的时候，就是世界最高级的境界。这个“N”维，对于儒家来说，就是“圣”的境界；对于道家来说，就是“仙”的境界；对于佛家来说，就是“佛”的境界；对于共产党人来说，就是“共产主义”理想境界。

维度的提升不是简单的数量增加，在一维空间，不管长度如何增长，维度也不会有所变化；在二维空间，不论面积如何加大，维度也不会改变；在三维空间，不论体积如何扩展，三维空间还是三维空间。其实境界与维度有很多相似的地方，比如在对物质的追求中，不管取得何等辉煌的成就，也不能上升为精神境界，可能只有停下对物质世界的追求，才会在精神境界有所收获。

(二) 自然、功利、道德、天地

冯友兰先生在《人生境界》一文中将人生境界划分为四个等级：自然境界、功利境界、道德境界、天地境界。

冯先生对四种境界分别作了专业的诠释，这里就不做引用了，笔者想用下面类似小说的故事予以表述：

一名记者，来到了黄土高原的一个偏僻的山村，采访一个正在放羊的小娃娃。你放羊是为了什么？羊倌说卖钱。又问卖了钱干什么？卖了钱娶媳妇。娶媳妇为了什么？生娃。生了娃干什么？放羊。

小羊倌这时的境界是**自然境界**，他顺着自己的本能和社会的风俗习惯做事。

故事继续：

记者告诉小羊倌人生不应该这样活，小羊倌问那怎么活？记者说上学。又问上学干什么？找工作。找工作干什么？赚更多的钱。赚更多钱干什么？买房、买车、娶媳妇、生娃。生娃干什么？上学……小羊倌按照记者的指点去做了，而且一点一点都做到了。

这时小羊倌的境界是**功利境界**，他以利己为动机做事，其后果也许会有利于他人。

故事继续：

小羊倌到了城里，有了自己家庭、事业、财富。有一天，他接到了自己发小的一个电话，了解到其子女还在过着自己放羊到儿子放羊的生活循环。经过思想斗争，他决定变卖城里的所有资产，回到家乡办一个羊绒加工厂，让发小们到工厂工作，并开办了学校让他们的孩子到学校上学……

这时羊倌的境界是**道德境界**，他在为社会的利益做事，所做的事都是有道德有意义的。

故事继续：

工厂的效益很好，工人生活也有了很大的改善。一天，羊倌心情不错，到工厂外的草场走走，一阵风吹来，好像有风沙的颗粒吹到脸上，低头再看看，草场的草越来越少……于是羊倌做了一个决定，产业升级，保证效益，同时控制工厂的规模，之后带着童年的伙伴种草，以后呢，放羊！

生活好像回到了原点，但是羊倌的人生却进入了一个新的境界——**天地境界**。他不仅是社会的一员，同时还是宇宙的一员，他自觉地为宇宙的和谐努力。这种觉解为让他步入了最高的人生境界。

总结一下，**境界是指人生高度的层次**，为了满足生存需要而做事是自然境界，为了满足功名利禄而努力是功利境界，为了满足社会的正义而付出是道德境界，顺应宇宙之规律自觉行动是天地境界。

（三）如何提升境界

根据前面的讨论，我们可以感受到，人的境界有高低之分。自然境界的人关注的是吃穿住行，或者叫吃喝玩乐；功利境界的人关注的是功名利禄；道德境界的人关注的是真、善、美；天地境界的人关注的是天人合一。提高人生的修养就是要不断向高级境界迈进。

如何提升境界，《大学》给了我们提升的秘诀：

古之欲明明德于天下者，先治其国；欲治其国者，先齐其家；欲齐其家者，先修其身；欲修其身者，先正其心；欲正其心者，先诚其意；欲诚其意者，先致其知；致知在格物。（《大学》）

摆脱自然境界需要格物。格物，朱熹在《大学章句》中的解释是"即物而穷其理"，意思是探究每一个事物背后的规律，以得到对世界本源的认知。到了明代，有一个少年对这一思想展开了实践。少年从研究竹子入手，对着竹子观察了一个礼拜，最后一口鲜血呕出，昏迷不醒……这个少年就是王阳明，王阳明晚年提出：

无善无恶心之体，有善有恶意之动，知善知恶是良知，为善

去恶是格物。（王阳明《传习录》）

这是王阳明对“格物”的理解，就是“为善去恶”。看上去王阳明和朱熹俩人的理解风马牛不相及，但其实从境界的角度说，都是指摆脱现有境界，迈向高一个境界。朱熹是透过现象直追本质，王阳明讲的是格除心中的物欲，格除对名利的追求，进入对人生意义的追求。

摆脱功利境界需要的是致知，朱熹在《大学章句》中的解释不是很明确，把致知和格物放在了一起：

盖人心之灵莫不有知，而天下之物莫不有理，惟于理有未穷，故其知有不尽也。

只是有一点说得很清楚，就是“知有不尽”，一方面是说人们对世界的认识是一个不断深入的过程，同时人们的认识永远不能完全穷尽世界的规律；另一方面也表明只通过理性的探究是不能对世界的本真有全面的关照的，还需要提升一个境界。就这一点，阳明先生重点谈的是“致良知”，其本质是“知善知恶”，具体的功夫在磨炼心性。

心犹镜也，圣人心如明镜，常人心如昏镜，近世格物之说，如以镜照物，照上用功，不知镜尚昏在，何能照？先生之格物，如磨镜而使之明，磨上用功，明了后亦未尝废照。（王阳明《传习录》）

这里所说的在磨心镜上下功夫，就是拂去心灵上的身心好恶的影响，让心灵处在一个纯净的状态，就可以以一个纯粹的认识本体去认识这个世界的善与恶，而不带有个人主观的偏见。

摆脱功利境界还需要诚意。《大学》对“诚意”有如下讨论：

所谓诚其意者：毋自欺也，如恶恶臭，如好好色，此之谓自谦，故君子必慎其独也！

意思是说，意念真诚就是不要自己欺骗自己，就像闻到了难闻的味道，自动捂住鼻子；看见漂亮的女孩，忍不住回头多看几眼。这是本能的反映。心安理得，毫不造作。其实就是自己的内心世界摆脱了对外部世界的某种执著之后的真实反映。如不羡慕做官、不羡慕发财，这时就有向更高境界追求的可能。

进入天地境界需要正心，诚意是摆脱人为意念的影响，正心是摆脱情绪上的牵扯，《大学》这样讲：

> 所谓修身在正其心者，身有所忿懥[①]，则不得其正；有所恐惧，则不得其正；有所好乐，则不得其正；有所忧患，则不得其正。

意思是说内心有愤怒、恐惧、喜好、忧虑就不能端正。即要想做到内心端正，就要去除愤怒、恐惧、喜好、忧虑等情绪的牵扯，让内心平静下来，这就是修身的目标——学问深时意气平。

一个人摆脱对物质的追求，温饱即可，摆脱对名利的追求，生活讲究尊严，社会的发展讲究和谐便可，让自己的心与天地一道的人，就进入了张载先生的"为天地立心"的境界。摆脱自然境界与功利境界，进入天地境界之前的状态为道德境界。但四种境界不是截然分开的，而是相互交织地存在于个体的内心之中。

五、提升境界、拓展格局

上一节结尾，讲过"道德"是明确人生之路的过程，而这条路也是家学的形成与发展之路，这条路的本与起点在"孝"，那方向与目标在哪儿呢？

（一）为中华之崛起而读书

> 周恩来12岁在东关模范学校读书的时候，一天修身课，校长向同学们提出一个问题："请问诸生为什么而读书？"
>
> 有同学说："为明理而读书。"有的说："为做官而读书。"也有

① 懥：音zhì。

的说:"为挣钱而读书。""为吃饭而读书。"……

周恩来一直静静地坐在那里,心里浮现出前几天在租界看到的情景:中国一个妇女向警察哭诉,亲人被洋人的汽车轧死了,警察不但没有惩处肇事者,反而训斥了妇女一通……魏校长注意到了,打手势让大家静下来,点名让他回答。周恩来站了起来,清晰而坚定地回答道:

"为中华之崛起而读书!"

魏校长听了为之一振!他怎么也没想到,一个十二三岁的孩子,竟有如此的抱负和胸怀!他睁大眼睛又追问了一句:"你再说一遍,为什么而读书?"

"为中华之崛起而读书!

周恩来铿锵有力的话语,博得了魏校长的喝彩:"好哇!为中华之崛起!有志者当效周生啊!"(选自人教版《语文》课本第七册课文,有删减)

周总理一生经历无数的艰难与诱惑,但心里一直装着整个中华民族,才成就"共和国总理"之风范与伟业,可见确立人生内在大格局对于实现人生价值的重要性。

当然,有了内在的大格局,也并不一定可以成就现实人生的价值,如孔子一生的追求就是要恢复礼制,推行仁政,建立和谐社会,但现实没有给孔子机会,夫子带领学生周游列国十四年,没有实现他的政治理想,但"仁爱"的思想却在人们的心中扎下了根,最后成就的是中华民族"礼仪之邦"的美名,自己也由此成就万世师表。

论语讲"尽人事,听天命",拓展自己的格局是必要的,这是尽人事,至于能否成就现实的价值,是天时、地利、人和共同作用的结果,淡然接受便可。

(二)内圣与外王

再大的烙饼也大不过烙它的锅。

这是网络上的一句流行语，意思是我们的人生价值就好像这张大饼，是否能烙出满意的“大饼”，取决于烙它的那口“锅”的大小，也就是格局的大小，格局是成就人生价值的必要条件。当然，有大的格局并不一定都能成就应有的人生价值，但没有大格局是很难成就真正的流芳百世的人生价值的。就家学而言，流芳百世表现为一个家族的长期兴盛不衰。

古人著述惜墨如金，经典更是如此，能简练尽量简练，能以一个字说清楚的绝不用两个字来说。但《大学》的开篇却不一样，第一段从“古之欲明明德于天下者”写到了“致知在格物”，已经说清楚了，可先贤却又以相反的顺序重复写了下面一段：

物格而后知至；知至而后意诚；意诚而后心正；心正而后身修；身修而后家齐；家齐而后国治；国治而后天下平。

上面已经讨论过格物是摆脱自然境界的功夫，致知与诚意是摆脱功利境界的功夫，正心是进入天地境界的功夫。通过这四种功夫可以使自己不断提高境界，摆脱自然境界和功利境界，进入道德境界和天地境界，这是修身的过程，就是儒家所说的“内圣”。

在《大学》中“外王”指齐家、治国、平天下。在实行分封制的西周，齐家者指一家之卿大夫，治国者指一国之国君，平天下者指天子。这样一来，需要修身的人岂不是寥寥数人？这修身岂不与芸芸众生无关了吗？其实不然，齐家者，大则负责有成百上千人的大家族，小则负责自己三口之家；治国者，可以为一国负责，也可以为一州、一郡、一县负责。只要有社会就有组织，有组织就有组织的负责人，负责人就是治国者，平天下者亦然，只是负责的组织大小不同。

有人可能会说，我不去做任何组织的负责人，是不是就不用修身了，也不尽然，因为上文负责人的说法还是有些偏颇的。笔者认为平天下是指建立和谐社会，治国不单是治理国家，更是使国家长治久安，齐家指家族成员齐心协力。再具体一点，以自己的家族的兴旺发

达为己任叫齐家，为自己国家的长治久安而默默付出叫治国，时刻为天下百姓的福祉而努力叫平天下。其实就是说，每一个社会成员都应该加强修为，更好地完成自己的社会担当。

当然，完成自己在家庭中的任务与担当尤其重要，因为社会的责任与义务，如果一个人真的没有完成好，或者不愿意完成，还有别人来完成。而家庭责任很难有人顶替，特别是现在的小家庭。事实上，一代代有内圣修养、有外王担当的家长与家庭成员为家学、家风、家约、家训、家规的形成起到了巨大的引领与推动作用。

（三）提升境界、拓展格局是家学建设的方向

“道德”的内涵是明确人生之路，家学育人的目的是帮助孩子明确人生之路。这条路也是家学文化的形成与发展之路，它的本与起点在“孝”，那方向与目标在哪儿？

育人的起点是“孝”，育人的目标是成人、成才。家学建设起点当然也是“孝”，对家族成员的养成目标与方向当然也是成人、成才。

成人是通过提升境界造就和谐的人格，成才就是通过拓展格局实现人生价值。

因此，**家学建设的方向是提升家族成员的境界，拓展家族成员的格局**。

提升境界的起点是“立命”，就是精神有所寄托；提升境界目标是“内圣”，就是圣人的境界，总的来说就是能够顺应宇宙之规律自觉行动的天地境界。拓展格局的起点是“安身”，就是定位自己；拓展格局的目标是“外王”，就是完成人生使命，总的来说就是完成自己对于家庭、家族、社会的责任。

关于家学建设的起点与方向的问题，在古今家学的价值体系中都有非常具体的表述。

如《朱子家训》：

祖宗虽远，祭祀不可不诚；子孙虽愚，经书不可不读。

读书志在圣贤，非徒科第；为官心存君国，岂计身家。

这里的“孝”体现在真诚地祭祀祖先。家学的“根本”所在不是表现祖先多么伟大，主要的是家族成员拥有共同的祖先，共同对祖先祭祀，有助于统一家族成员的思想，若以不辱没祖先为思想出发点还可以激发家族成员成长的动力。读经书，志在圣贤，心存家国就是高境界与大格局的具体表述。

再看《钱氏家训》：

父母伯叔孝敬欢愉，妯娌弟兄和睦友爱。

利在一身勿谋也，利在天下者必谋之，利在一时固谋也，利在万世者更谋之。

这里明确提出了对长辈的“孝”和对同辈的“悌”。同时，将高境界与大格局具体表述为谋“天下之利”和谋“万世之利”。钱氏子孙正是在践行这样的家训中成就了一个又一个为民族尊严而自强的典范。

六、贾岛为何寻不到隐者？

讨论到这里，还是吟诵一首诗，将对境界与格局的理性思考转到感性的体验上来，感性的体验是不自觉的行为——走路可以不自觉地吟诵、做家务可以不自觉地吟诵，在不自觉地吟诵中慢慢升华思考。

扫码跟随音频吟诵

寻隐者不遇

唐 贾岛

松下问童子，言师采药去。

只在此山中，云深不知处。

这首诗写得真妙，四句二十个字，却是一个完整的独幕剧。

人物——贾岛、童子

环境——山脚松下

对话——贾岛："你师父在吗？"

童子："师父采药去了。"

贾岛："到哪里采药去了？"

童子："就在这座山里。"

贾岛："你带我去找，好吗？"

童子："山高、林密，云雾缥缈，我也找不到……"

结果，贾岛带着希望而来，带着失望而归，但贾岛毕竟是贾岛，他一定有自己的感悟，当然也可以给读者一些感悟：自己戴着官帽、穿着朝服，从红尘之处来，隐者行走云端，境界之别立见。自己与隐者虽然同在一座山，但境界不同，隐者在白云中采来圣洁之妙药，心在高深，不问世事；自己虽向往隐逸，但却跳不出俗世。如何能找到隐者呢？那就是自己也做一名隐者。就这么简单，但又何其困难。

经常吟诵诗句，就会体会到境界不同的感觉，有了这种感觉是一个很好的开端，之后便是仰望与寻找，找不到时冷静思考，再积极践行，节制自己的物质欲望、功利欲望，摆脱情绪与主观意志的困扰，提升自己的境界，更加从容、愉快地生活。

拓展阅读

孔子为什么说樊迟"小人"?

在国人的印象中,孔子是一个温文尔雅的长者形象,可在《论语》中,却记载了老人家"骂"学生的事件:

> 樊迟请学稼。子曰:"吾不如老农。"请学为圃。曰:"吾不如老圃。"樊迟出。子曰:"小人哉,樊须也!"(《论语·子路》)

樊迟请求学种庄稼。孔子道:"我不如老农民。"又请求学种菜蔬。孔子道:"我不如老菜农。"这些都好理解,孔子说的或许是事实,或许是自己不愿教学生种庄稼、种菜。樊迟退了出来。孔子却说:"樊迟真是小人啊!"为什么会说学生是"小人"呢?而且还是在学生出了门之后说呢?

其实,"小人"一词在当时是"平民百姓"的意思,并不是骂人。虽然这样,语气中也很容易感觉到孔子对樊迟的斥责。原因在于孔子教育学生,并不是要把学生培养成为有某种技能的专门人才,孔子教育的目标是使之"成人",教育的内容就是怎样"做人"。孔子批评樊迟,不是说樊迟品质有问题,而是境界不高,没有更高的追求。

一句"小人哉,樊须!"让我们记住了家学的根本目标是家庭成员"成人"。其实,成才是包括在"成人"之中的,两者并不是分开的两个教育内容,特别是在家学成员的养成教育中,两者其实是合二而一的,就是提升境界、拓展格局。

本节思维导图

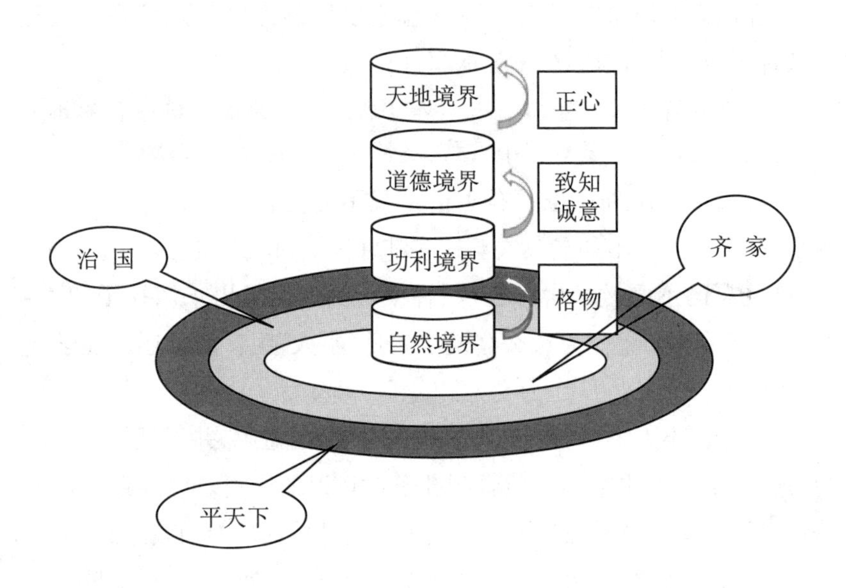

第三章　家学育人

家学是可以传承的家庭文化的总和。家学育人是在家庭生活中以家学文化引导、影响孩子。家学建设智慧指明确家学育人的共性与个性，坚守国学经典，因材育人。

就共性而言，家学建设的起点是“孝”，家学建设的方向是高境界与大格局。就个性而言，每个孩子具有自己的身心个性，每个家庭具有物质与文化的个性特点。

如果强调坚持共性的话，就是要用一把钥匙开所有的锁，这样社会就会单一化、不丰富；如果强调尊重个性的话，就是要用千万把钥匙开千万把锁，这样社会就会缺共性、不和谐。所以，家学育人的智慧就是坚持共性，尊重个性，即“策略”。

本章要讨论的是家学育人的策略，所谓策略就是实现目标的方案集合。但每个孩子是有个体差异的，每位家长也有各自的思维偏好，每个家族又有自己独特的家族文化，所以不同的家庭相对于孩子的育人途径应该有所差别，其原则便是家学育人的策略。

第一节 思、想、情、理——近思远想，融情入理

"思"是心脑并用，"想"是推己及人，"情"是美好的初心，"理"是去伪存真。"思想"理解为"念着自己，同时考虑他人"；"情理"理解为"心灵的感受与头脑的判断"。思想与情理合起来就是人们精神生活的总和。

这四个字会给家学育人的策略带来怎样的思考？

一、赵威后送儿子做人质

廉颇、蔺相如是两个家喻户晓的名字，他们在世的时候，赵国政治清明，武力强大，当时的国君是赵惠文王赵何。赵惠文王三十三年（前266），赵惠文王去世，太子赵丹继位，史称赵孝成王。由于赵丹年幼，其母亲赵威后临朝听政。

主幼母寡，对赵国一直虎视眈眈的秦国出手了，大举攻赵，很快就占领了三座城池。形势危急，赵国只能向东方邻居齐国求援。事关军国大事，齐国需要赵国确保信用。按当时的国际惯例，要国君的近亲作人质，而且点名要赵威后的小儿子长安君，才肯出兵。赵威后疼爱小儿子长安君，舍不得，执意不肯，形势陷入了僵局。

最后如何破局的呢？看下面的故事。

威后:“有再说让长安君去做人质的,我一定朝他脸上吐唾沫!”大臣们面面相觑,不敢进言……

老臣触龙来看望太后,聊了一会儿家常,见太后怒气消了一些,继续说道:“我的小儿子舒祺,不成才;而我又老了,私下疼爱他,希望太后能给他一个保卫王宫的侍卫差事。老臣冒着死罪向太后请求。”

威后:“你们男人也疼爱小儿子吗?”

触龙:“比做母亲厉害。”

威后:“不对！应该是做母亲疼孩子更厉害。”

触龙:“可我觉得,您疼爱女儿燕后超过小儿子长安君啊!”

威后:“错了！我最疼爱长安君了。”

触龙:“父母疼爱子女,就要为他们考虑长远些。燕后出嫁的时候,您拉着她哭泣,这是惦念孩子。她出嫁以后,您也并不是不想念她,可您祭祀时,一直为她祈祷——不要被夫家赶回来啊！难道这不是为她作长远打算,希望她生育的子孙,一代一代地做燕国国君吗?”

威后:“是这样啊!”

触龙:“太后啊,想想历史上,赵国君主的子孙被封侯的,他们的后代中至今继承爵位的有吗?”

威后:“没有。”

触龙:“这些人中,祸患来得早自己就遭了殃,晚的灾祸就降临到子孙头上。原因何在啊？是因为他们地位高而没有功劳,现在您给了长安君地位,又给了他封地,不趁现在这个时机让他为国立功,一旦您百年之后,长安君凭什么在赵国站住脚呢？您为长安君打算得太短浅了,所以啊,我认为您疼爱他比不上疼爱燕后。”

威后:“好吧,就让长安君做人质吧。”

赵威后怜爱自己的小儿子,不让他去齐国做人质,是爱,是“人之常情”。经老臣触龙的开导后愿意让小儿子去齐国,一是为了及时得到齐国的援助，解决赵国当下的困境；二是可以让长安君为国家作出贡献、立下功劳，将来有一个较稳固的政治保障，这是“世之常理”。

二、情与理——初心与求真

扫码观看解读视频

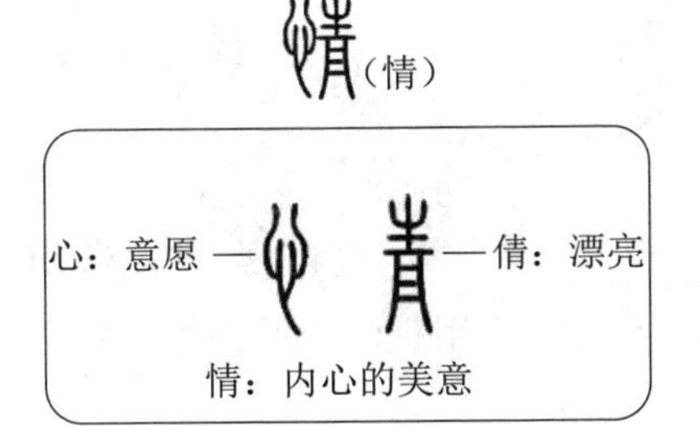

图3.1 “情”的古字

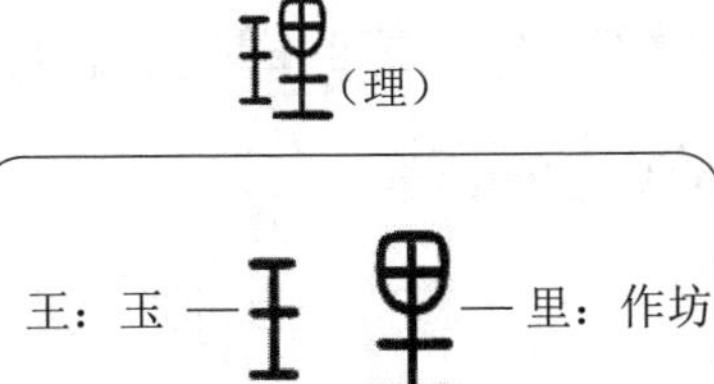

图3.2 “理”的古字

（一）“情”——美丽的初心

无材可去补苍天，枉入红尘若许年。

此系身前身后事，倩谁记去作奇传？

这是《红楼梦》开篇的中的一句偈[①]，偈中说的是一块灵石的经历：

女娲在大荒山无稽崖下补天炼石剩下的一块石头，自经锻炼，有了灵性，因没能入选，自怨自愧。后来，这“灵石”遇到了一僧、一道，僧人叫茫茫大士，道者称渺渺真人，二人将“灵石”带到红尘中走了一着，大家猜得出，这“灵石”就是贾宝玉脖子上戴的那块“通灵宝玉”。

这灵石见证了贾府的兴衰荣辱，人世间的悲欢离合，几世几劫，又回到了大荒山无稽崖青埂峰下，但这时灵石已经和之前不一样了，它的身上密密麻麻刻满了字迹。访道求仙的一位道人

① 偈：音jì，原意是佛经中的唱词。

路过，从头到尾读下来。……这些字迹就是《石头记》。这位道人叫空空道人，因为读了这部《石头记》，三观尽毁，因空见色，由色生情，从此法号不再叫空空了，改名叫情僧。

佛教的核心经典《大般若经》里有一句："万境归空，不舍有情。"空是宇宙的根本规律，世间万物，不过都是"成、住、坏、空"。但是，有情是根本的生命信念，生命的意义，就在于不舍"真情"。

情，金文写作""，小篆写作""（图3.1），左边是""（心），右边是""（青）字。

要想了解这个字的造字本义，得从""（井）字讲起，两纵两横构成的方形框架，代表井内的护壁，护壁的作用是防止井壁周围的土石坍塌（图3.3）。

图3.3　井与护壁

在甲骨文""（井）字中间加点就成了""字，这是什么字呢？

有读者可能会说，这个字常出现在快餐店的招牌上——"牛丼饭"，就是日本快餐盖浇饭，店主说"丼"这个字是日本汉字，读"dōng"，但查一下"汉典"，这个字中国原来就有（读作"jǐng"，康熙字典的解释是将物投到井中发出的声音），只不过后来被日语借用。

其实"井"，可以指水井，也可以指矿井，井中加一点""，表示矿井中的矿物，矿物有的是赤色的，如朱砂，所以这个字是"丹"，表示红

颜色。

“丹”字上加一“生”（生）字，代表产自矿井中朱砂以外的矿石，为“青”（青），即青色之矿石，两个字连起来就是“丹青”。丹指丹砂，青指青雘[①]，本是两种可作颜料的矿物，我国古代绘画常用朱红色和青色两种颜色，丹青后来便成为绘画艺术的代称。

后来“丹”和“青”也成了人们化妆的两种主要颜色——“朱砂眉黛”，美人化了妆，就是“倩”字（“亻”旁加上一个“青”）。

翻一下字典，很容易发现凡是和“青”有关的字基本上都是意思很美好的字，因为“青”引申为“茂盛”“年少”，当然也可以代表“美好”，不妨列举几个：

> 美好的“日”为“晴”，“晴空一鹤排云上”——辽阔；美好的“水”为“清”，“清水出芙蓉”——清新；美好的“目”为“睛”，“碧玉眼睛云母翅”——高贵；美好的“米”为“精”，“精诚所至，金石为开”——专注；美好的“草”为“菁”，“越郡佳山水，菁江接上虞”——秀美。

继续举例：

> 美好的“女”为“婧”，美好的“虫”为“蜻”，美好的“言”为“请”，美好的“见”为“靓”，美好的“立”为“竫”，美好的“争”为“静”……

花了这么多的笔墨就是想渲染一下气氛，“青”是一个能给我们带来美好感觉的字，而加一个“忄”就成了“情”，“情”就是美丽的“心”，就是**人们内心深处的美意**，就是不忘初心的“初心”。

（二）“理”——求真探本

和氏璧的故事想来大家都知道，《韩非子·和氏》有明确记载，大致意思如下：

---

① 雘：音 huò，可作颜料的一种矿物。

春秋时期，有一个叫卞和的人，在楚山中得到璞玉，拿去献给楚厉王。厉王叫玉匠鉴别。玉匠说是一块普通的石头，厉王一气之下把卞和的左脚砍掉了。楚厉王死了以后，武王继位。卞和又捧着那块璞玉进献武王。同样的故事再一次上演，卞和的右脚被砍掉了。

文王继位，听说卞和抱着璞玉在楚山脚下痛哭，眼泪哭干了，连血也哭出来了，文王便派人去问卞和。卞和说："我并不是伤心自己的脚被砍掉了，是宝玉竟被说成普通的石头，忠诚的人被当成骗子，这才是我最伤心的地方。"

文王便叫玉匠认真加工琢磨这块璞玉，果然发现这是一块稀世的宝玉，于是把它命名为"和氏之璧"。

从最后一段看出，"和氏之璧"得以现世的原因是"加工琢磨"四个字，原文是"王乃使玉人理其璞而得宝焉"，其中的"理其璞"就是"加工琢磨"璞玉，可见"理"的原意是：把玉从璞石里剖分出来，顺着内在的纹路剖析雕琢。《说文解字》的解释"理，治玉也"就是这个意思。下面从"理"字的起源进一步讨论。

先看"里"（里），上面是"田"代表田畴，下面是"土"（土），合起来代表在田地旁的简易的房子，这样的房子一般只有四面墙，没有上面的房顶，俗称"作坊"，在这里可以打磨石器、烧制铁器等工作。

理，篆文写作"理"（图3.2），由"王"和"里"合成。

"王"不是"王"，而是"玉"。"玉"写作"王"，三横疏密均匀，代表将玉片用线绳均匀地串起来（图3.4）。

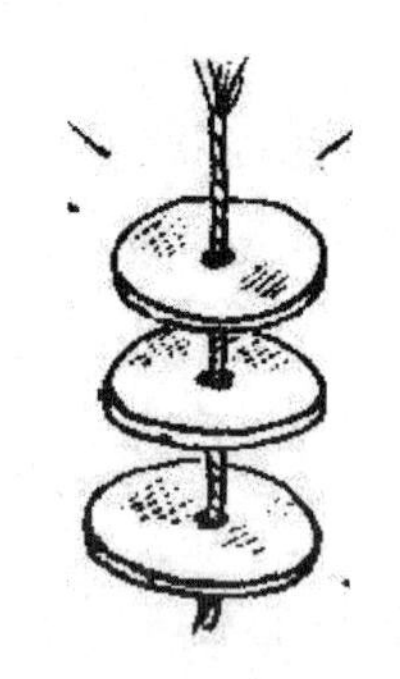

图3.4　均匀地串在绳上的玉片

"王"写作"王"，三横上密下疏。"王"金文写作"王"，是斧子的象形，上面两横代表斧柄，因此两横距离短，下面一横代表斧头，故而与上面一横的距离较大。《说文解字》中引用了董仲舒的解释，说在三道横画中间用竖笔连接，就是“王”字，三道横画，分别代表天、地、人，而能够参悟、贯通这三者的人，就是“王”。

“玉”字，后来为了与“王”字区别开来，就在右边下面一横上面加了一点，但做偏旁的时候仍然写作“王”，成为“斜玉旁”。

斜玉旁“王”和“里”合在一起，表示在作坊里将山上采来的璞石加工成玲珑剔透的美玉，这一过程就是“理”，引申为**去伪存真、探求本质的过程**。

三、思与想——自虑与念他

扫码观看解读视频

(思)

用脑考虑——

——用心感受

思：心脑并用，重情重理

图3.5 “思”的古字

(想)

木：高树——

——目：看

相：远眺

——心：思念

想：思念或憧憬远方

图3.6 “想”的古字

(一)“思”——心脑并用

下面是范仲淹《岳阳楼记》的最后一段：

嗟夫！予尝求古仁人之心，或异二者之为，何哉？不以物喜，不以己悲。居庙堂之高则忧其民，处江湖之远则忧其君。是进亦忧，退亦忧。然则何时而乐耶？其必曰“先天下之忧而忧，后天下之乐而乐”乎。噫！微斯人，吾谁与归？

这一段有两句话很有名，一是“不以物喜，不以己悲”，是范公的“旷达胸襟”；另一句是“先天下之忧而忧，后天下之乐而乐”，是范公的“政治抱负”。

胸襟指心情、志趣等，抱负指远大的志向、理想等。这样说还是说不清楚，改用通俗的说法，胸襟是喜欢做啥，而抱负是想做啥；胸襟是情感的好与恶，抱负是理性的是与否。说得再直白一点，**胸襟是心的感受，抱负是脑的思考**。

心的感受与脑的考虑合在一起就是“思”的内涵，下面通过解字再进一步说明。

思，篆文写作“”（图3.5），上面是“”，下面是“”。“”是“心”字，这个很容易看出，但“”代表什么有些难猜，其实，这个字就是“囟”字，指婴儿头顶骨未合缝的地方，亦称“囟门”或“囟脑门儿”（图3.7）。

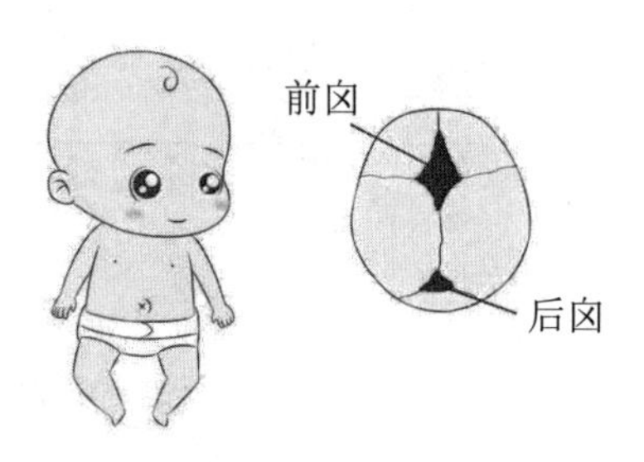

图3.7　囟门

沿着宝宝头顶的中线前后触摸，会发现宝宝的头骨在前后各有一个开口，摸起来软软的，前端的称为前囟门，呈菱形。它是头颅上最大的骨缝交点，因为此处并无骨块存在，较其他部分略凹陷、柔软，摸上去会有轻微搏动。宝宝出生6个月后，前囟门随着颅骨缝逐渐骨化而面积变小；到1周岁，最迟不超过2岁就会闭合，为骨质所取代。

这个“囟”就代表大脑，“囟”与“心”合起来表示脑和心的能力。

所以“思”本意是用头脑考虑、用心灵感受。头脑是理性的，心灵是感性的，理性的叫考虑，感性的叫感受。心是热烈的，而脑是冷静的。如果相反，头脑发热、内心冷酷就不正常了。

脑和心的有机结合、情感与理性的协调就是“思”。

（二）“想”——推己及人

司马迁在《孔子世家》结尾有一段赞语：

> 太史公曰：“《诗》有之：‘高山仰止，景行行止。’虽不能至，然心向往之。余读孔氏书，想见其为人……”

太史公说：“《诗经》有这样的话：‘巍峨的高山啊，令人仰望；宽阔的大路啊，让人行走。’尽管我不能回到孔子那个时代，但内心深处却无限向往。我阅读夫子的书籍，可以想象他的为人。”

“世家”是记载诸侯事迹，而孔子，是一个讲学的布衣，生前没有任何封地与爵位，司马迁却将夫子划归“世家”行列，也许原因是多方面的，但有一点是明确的，就是司马迁对孔子的崇敬、景仰与无限的深情，这段话的字里行间足以表达——“高山仰止”“心向往之”。

不过我们这里重点讨论的是“余读孔氏书，想见其为人”中的“想”字，司马迁是西汉人，与孔子相差四百年左右，虽见不到孔子，但不妨碍读孔子的书，之后通过读书去想象孔子的为人，这里“想”的意思就是**基于眼前之物，追念物之主人**。下面再根据解字对“想”作以讨论。

想，金文写作“”（图3.6），由“”（相）和“”（心）组成。

“”（相），甲骨文写作“”，上面是“”，是“目”字，下面是“”，是“木”字。合在一起表示在树上睁大眼睛看，就是往远看，因为登高可以望远。

“相”加上下面的“心”，就成了“想”，表示心灵之远望，就是由此及彼,由眼前之物,想象到与之联系的其他时空的相关存在。如"三岁看大,七岁看老""一叶知秋"等,都是这个意思。

由此及彼,可分为三个维度,一是空间维度,就是看到眼前,想到远处;二是时间维度,就是看到当下,回顾历史,遥想未来;三是社会维度,就是看到自己,念及他人,其实就是儒家的传统思想"推己及人"的缘起。

这里特殊提一下回顾历史的重要性,用一个数学的说法表述也许会更清楚,学过一点几何知识的人都会知道,通过一点可以画无数条线,而通过两点可以画一条直线。那我们的人生之路是明确一条路好呢?还是有无数个选择而自己不能确定好呢?或者说世界上有无数条路,如何选择好自己要走的路呢?当然是要明确自己的人生之路为好,那如何明确呢?明确自己的当下与来处,连接起来就可以确定自己的未来。

(三)思想与情理

"思"与"想"合在一起应理解为以下三层意思:在空间上,关注眼前为"思",眺望远方为"想";推广到时间上,把握当下为"思",遥望历史为"想",继而可以展望"未来";推广到社会生活上,**自虑为"思",念他为"想"**(图3.8)。

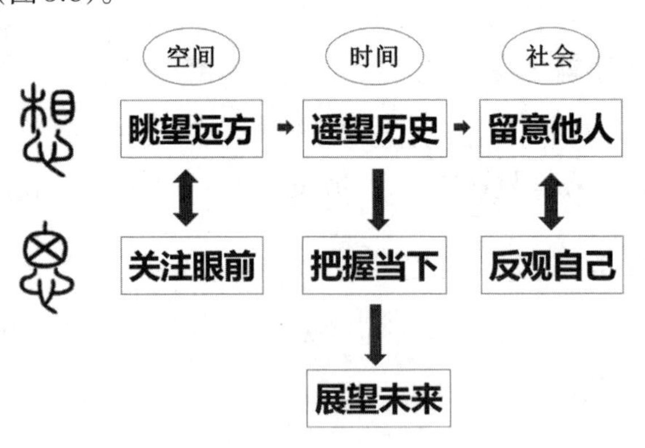

图3.8 "思"与"想"的三层意思

"情"和"理",一个代表内心深处最**美好的情感**,是心的感受,一个代表探求事物真相的过程,**是脑的理性**,合起来就是"思"的过程。再推及时空与社会就是"想"。

思想是自虑与念他,情理是美好的心意与理性的判断。所以,**思想与情理就成了人们精神生活的总和**。

四、育人策略,融情入理

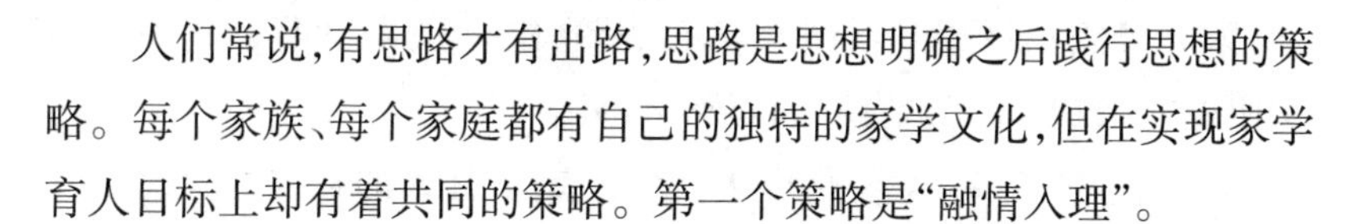

人们常说,有思路才有出路,思路是思想明确之后践行思想的策略。每个家族、每个家庭都有自己的独特的家学文化,但在实现家学育人目标上却有着共同的策略。第一个策略是"融情入理"。

(一)融情入理

述圣子思在《中庸》中对"情"与"理"有一段非常重要的论述:

> 喜怒哀乐之未发,谓之中;发而皆中节,谓之和。中也者,天下之大本也;和也者,天下之达道也。致中和,天地位焉,万物育焉。

这一段仅有47个字,却道出了天地万物运动、变化之本,宇宙生灵存在、发展之路。

如图3.9所示,"喜怒哀乐"指的是"情感",《礼记·礼运》载:"喜、怒、哀、惧、爱、恶、欲七者弗学而能。"这七个方面就是通常所说的"七情",是指不用学习就具备的心理活动。《中庸》把"情"称为"中","中"字读"zhōng",意为"中间",也读"zhòng"意为"正对上",但还有一个意思就是"成、好、行",中原地区一直沿用这种说法,方言读作"zhóng"。我们称自己为中国人,不仅指中原人,也不仅仅自诩自己所居之地是天下之中央,应该还有"喜怒哀乐之未发"的意思,就是说中国人具有**情感内敛、表达含蓄**的特点。

但是“情感”永远不表达也不是中国人的做法，只是情感表达要掌握尺度，要表达到位，又不能越位，这就是上文中所说的“发而中(zhòng)节”，如中国人见面是行拱手礼，而非西方人的拥抱，这种状态就是“和”的境界。

“中”指“情感”，“情感”是人类活动得以生存发展之本。因为有爱情，才会有夫妇之幸福；因为有亲情，才会有家庭之温馨；因为有民族情，才会有人民之团结；因为有人世间的大爱，才会有世界之和谐。

“和”即“和谐”，是世间万事万物得以顺利运行之通途。夫妇和谐，家庭美满；君臣和谐，国家安定；天地和谐，万物化育。这就是原文所说的“致中和，天地位焉，万物育焉”。

讨论了这么多，主要是要表达实现**家学育人的目标的策略之一就是“融情入理”**。

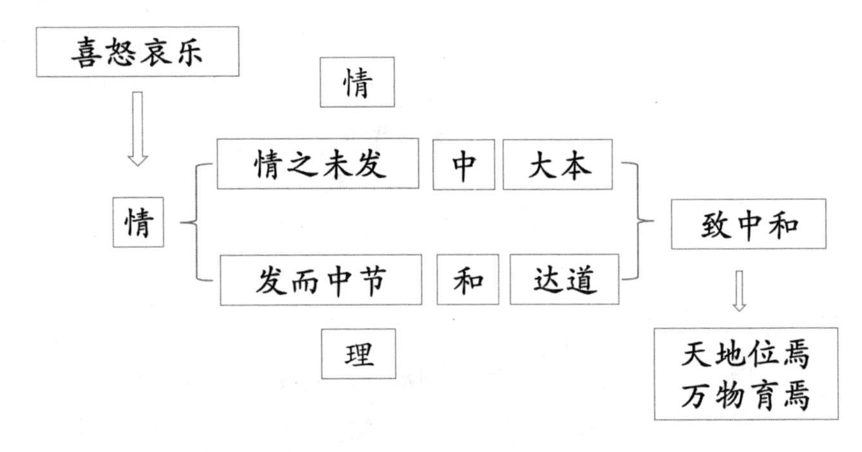

图3.9 “情”与“理”

(二) 情、理——河之两岸

情与理就像一条河的两岸，左岸是情，右岸是理，孩子的成长过程就像一条小船在河中或左、或右、或中间航行，而家长就是小船领航员，既要了解这条河，又要了解这条船，并选择这条船在这条河中

最合适的航线。而这条河当然是从“天上来”再“奔向大海”,就孩子的成长来说,从“孝”开始,目标是高境界与大格局。小船选择靠左岸多一点,或者选择右岸多一点,多多少,少多少,这就是家学育人的智慧。

梁启超是我国近代史上学贯中西的大学者,同时也是一位难得的教育家,留下了“一门三院士,九子皆才俊”的佳话。长女梁思顺是诗词研究专家;长子梁思成是我国建筑界的奠基人,创办了清华大学建筑系;次子梁思永是考古学家,于1948年与其兄梁思成共同当选中央研究院院士;次女梁思庄是著名的图书馆学家;三子梁思忠毕业于西点军校,1932年一·二八淞沪抗战时任炮兵上校;四子梁思达是经济学家;三女梁思懿是社会活动家;四女梁思宁作为新四军战士在宣传工作方面作出了自己的贡献;幼子梁思礼是火箭控制系统专家、航天专家,中科院院士。

九位子女不但个个成才,各有所长,而且在品性、修养、为人、处世等方面亦出类拔萃,这当然与梁先生的家庭教育息息相关。

梁先生的家庭教育,最重视“情”字。

“情”者忘我也。梁先生绝对不用自己的想法去绑架子女的意愿。1925年9月24日,他在给思顺的信中说:

> 思庄英文不及格,绝不要紧,万不可以此自馁。学问求其在我而已。汝等自会用功,我所深信。

这里和现在有些家长动不动就说“我花了那么多钱供你读书,你就读成这样”迥然相异。因为**亲情是无私的,不是用来交换的**。

“情”者趣味也、智慧也。翻开《梁启超家书》,不看内容,单看称谓就妙趣横生:称思礼为老白鼻(老儿子,英译成“老baby”,再汉化成“老白鼻”),称次女儿梁思庄为小宝贝庄庄,称三女梁思懿为“司马懿”……这样的趣味与智慧使整个家庭一直生活在轻松愉悦的气氛中,每一个家庭成员心情愉悦地绽放着自己生命中应有的光彩。

“情”者牵挂也。梁先生在1926年2月18日给孩子们的信中写道：

庄庄该用的钱就用，不必太过节省。爹爹是知道你不会乱花钱的。思成饮食上尤不可太刻苦，你知道爹爹常常记挂你，这一点您要令爹爹安慰才好。

孩子一直生活在牵挂中，一直生活在父母的爱中，就会带着温暖和开放的心态走向未来的生活。当然，梁先生的重“情”也绝不是不讲原则，只是讲的是大原则，是大时空中的原则。1927年2月26日在写给子女的信中，回答长子思成关于“有用与无用的问题”时写道：

试问唐开元、天宝间李白、杜甫与姚崇、宋璟比较，其贡献于国家者孰多？为中国文化史及全人类文化史起见，姚、宋之有无，算不得什么事。若没有了李、杜，试问历史减色多少呢？我也并不是要人人都做李、杜，不做姚、宋，要之，要各人自审其性之所近如何，人人发挥其个性之特长，以靖献于社会，人才经济莫过于此。

梁先生“理”讲得很清楚，他的人才观是关于整个民族文化的，他的贡献观是关于民族发展史的，但又不是急功近利地让自己的子女一定要成为这样的人，而是要自审其特性，让子女反观自己，明确目标。

梁先生的成功观不是以比较、以竞争为评判尺度，不是以职位的高低、贡献的大小为衡量标准。1927年11月5日在给长女思顺的信中写道：

我常说，天下事业无所谓大小，士大夫救济天下和农夫善治其十亩之田所成就一样，只要在自己责任内，尽自己力量做去，便是第一等人物。

“尽自己力量做去，便是第一等人物。”先是拷问自己，明确自己的责任所在；继之向内在追问，一是追问自己到底有多少力量；二是

追问自己有没有尽力发挥出力量。

被父亲称为老白鼻的梁思礼在《梁启超家书》的前言中写道：

> 梁启超一生写给他的孩子们的信有几百封。这是我们兄弟姐妹的一笔巨大财富，也是社会的一笔巨大财富。

这一笔巨大的财富就是家学育人的智慧，梁先生的家庭教育智慧表现为“情”与“理”的和谐，和谐是家学育人的最高境界，在这种氛围中，孩子既可以感受到浓浓的爱意，又不会因爱的包裹而影响对世界与未来的追求。

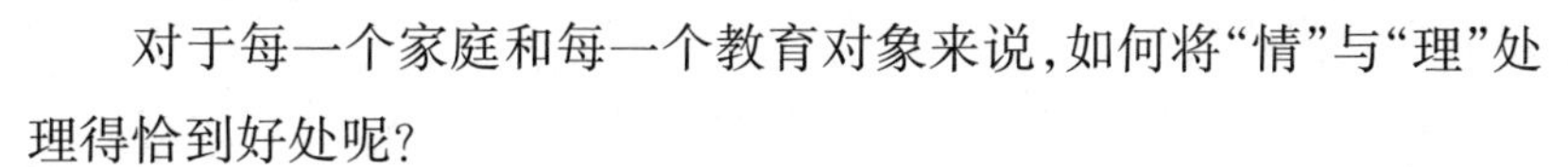

对于每一个家庭和每一个教育对象来说，如何将“情”与“理”处理得恰到好处呢？

五、近思远想，推己及人

融情入理是家学智慧的策略之一，坚持“情”与“理”的和谐，既可以促进家学建设，也可以使家学育人有所依据，更可以使家族培养出更多适应社会整体发展的人才。**情与理和谐的标准是恰到好处**，实现恰到好处的具体思维方式是“近思远想，推己及人”。

（一）尽己与推己

《论语·里仁》讲：

> 子曰：“参乎！吾道一以贯之。”曾子曰：“唯。”子出，门人问曰：“何谓也？”曾子曰：“夫子之道，忠恕而已矣。”

有学者认为，这段文字是《论语》中最玄妙的一则，是孔子向曾子传授心法，和“佛陀拈花一笑”有异曲同工之妙。孔子说：“曾参啊，我传授的学问是有一个基本思想贯穿的。”曾子道：“是的，我明白。”一个“唯”字，心法传成了。孔子出去后，其他弟子问曾子：“老师刚才说的话是什么意思？”曾子说：“贯穿老师学说的思想总结起来就是忠恕之道。”

朱熹在《论语集注》中对于忠恕的注释是:“尽己之谓忠,推己之谓恕。”每个人来到世上都是带着使命来的,“尽己”是尽全力完成自己的使命。“推己”是帮助他人完成使命。

使命就是为社会尽自己的义务,用曾子自己的话来说就是“为人谋而不忠乎?”也有学者把“尽己”解释为“己欲立而立人,己欲达而达人”,是说像完成自己的使命一样帮助他人完成使命;把“推己”解释为“己所不欲,勿施于人”,是说像不希望影响自己完成使命一样也不影响别人完成使命。

这两个解释好像是将“尽己”与“推己”分开,其实不然,“尽己”是从主观积极的方面,说明做人要善于主动为他人着想,帮助别人。而“推己”是从客观被动方面,要求做人始终能够体谅和理解别人,做任何事的时候,都要先替别人着想。其实就是为自己考虑的时候一定要念到他人。这就是“思”与“想”的最根本的内涵。为他人着想的上限是主动为他人着想,下限是体谅他人。把“推己”和“尽己”统一起来,也许就是孔子的“一以贯之”之“道”。

在现实的家庭教育中,有些家长对待自己与对待孩子的要求是相反的,特别是有个别家长自己不想有所作为,而希望孩子出人头地,要求孩子理解自己,却不能体谅孩子。我们经常可以听到这样的话:“我这辈子是不行了,就看你的了!”“我花了这么多心血,你就拿这样的成绩给我?”这样就将“尽己”的上限拉低了,又将“推己”的下限抬高了,这样给孩子的心灵发展空间就小了很多。最后结果是事与愿违,期待很高,结果却不佳,接着继续要求,继续失望,形成恶性循环。

家学育人的正确思路应该是家长要像期待成就一个优秀学生一样成就自己,像理解自己一样理解孩子,这样的结果是孩子会和家长同时成长,像理解自己一样理解家长,进而理解家长的期待,最后发展自我。这里的发展自我绝不是简单的地位、权利、收入的增长，而是增加担当、提升境界、拓展格局等。说得简单一点，就是人们口头上经常说的“换位思考”。梁启超先生的自我发展与发展孩子的思路与做法就是一个非常好的榜样。

（二）用心感受，理性坚守

下面我们谈论如何换位思考。

提起“换位思考”，说起来容易，做起来却何其艰难，我们不是经常会看到有些家长一边无可奈何地埋怨孩子沉溺游戏，一边自己却无法自拔地玩着手机吗？

换位思考，首先要做的是“用心感受”。元代郭居敬辑录的《二十四孝》中记载了曾子“啮指痛心”的故事，用现代文表述如下：

曾参，字子舆，春秋时期鲁国人，是孔子的得意弟子，世称“曾子”，以孝著称。少年时家贫，常进山打柴。一天，家里来了客人，母亲不知所措，就用牙咬自己的手指。曾参忽然觉得心疼，知道母亲在呼唤自己，便背着柴迅速返回家中。

这个故事的真实性暂且不论，但父母与孩子的心灵感应不应忽视，故事中有两个细节值得关注，一是曾子“以孝著称”，这表明心灵感应的前提是“父慈子孝”，就是家长把心放在孩子身上，子女把心放在父母身上；二是母亲不知所措时“咬自己手指”，这表明母亲没有埋怨孩子，而是自责，因为子女的心在父母身上，父母责己，孩子便可以感受到。

一次，和一个家长聊天时，听到这样一句话：“如果孩子考不上某某高中，我同学会怎么看我。”这位家长把孩子的成长看成了自己的面子。反观梁启超先生的“换位思考”，浓浓的爱意中充满了鼓励与理解，而唯独没有自己。1926年2月，在给孩子们的信中写道：

庄庄成绩如此，我是很满足了。因为你原是提高一年，和那按级递升的洋孩子们竞争,能在三十七人中考到第十六,真亏你了。好乖乖不必着急,只需用相当努力便好了。

1926年6月5日,在致思顺的信中提到思庄的学业时写道:

思庄考得怎么样,能进大学固甚好,即不能也不必着急,日子多着哩。我写了一副小楷,装上镜框给他做奖品,美极了。

如果说前一段话还有当面鼓励意味的话,下一段话则是梁先生内心真实的表白,因为信不是给思庄本人的,是让姐姐思顺理解,家长与孩子是心心相印的,兄弟姐妹之间当然也是心心相连的,家人的理解,思庄当然也会感受到。

换位思考,其次要做的是"理性思考",找到不能心心相印的原因,之后用信念与毅力改善自我。"国学经典"第二期家长课程班学员邓丽萍女士在结业论文中写了自己课后的一个故事:

从进化的角度看,无论是我们的身体,还是我们的思想,都习惯于保持原来的状态,而当状态发生变化时,身体就会不自觉地产生阻力。自律的最高境界就是"慎独",而"慎独"的最高境界就是始终如一,因为长久的"慎独",讲究的是内在的定力!

"可乐"对我而言,就如同烟草般早已上瘾,入口后的感觉是无法形容的舒适,虽然我知道可乐对人体也有诸多坏处,但很难敌过想喝的执念,以至于两个儿子从小就爱上可乐。

课后,我也很想试试能否戒掉可乐瘾,并想证明自己也可以给儿子树立一个好榜样。我不能一味地责怪儿子改不了各种陋习,自己又何尝不是呢?诱惑环绕的时候,我并没有去想可乐对身体有多么不好,脑海里唯一的念头:我是为了儿子!应该说我的目标很明确,因为这是我发自内心的愿望,是我前所未有的内在动力,让我坚持到现在。既然一个月能坚持下来,为何不能坚持两个月乃至两年,甚至更久呢。

这一段有两个细节值得我们深思,一是家长戒掉可乐瘾是向自己的习惯发起挑战,而心里想的是孩子的成长,这和让孩子努力,使自己获得面子的心理完全相反。可见,家长与子女的心心相印是从自我开始的，自己的心完全在孩子身上；而没有做到心心相印，也是从自己开始的，就是自己的心完全在自己身上。二是孩子目标明确了，将目标转化为内心的愿望，动力就产生了，接下来就是持久地抵挡诱惑。

六、两位天才不同的“庐山”

本节对“情”与“理”两字做了大量的讨论，这种讨论当然是理性的分析，理性分析当然是可以让人明理，但很难记住，记不住就很难落实到行动中。下面两首诗是人们耳熟能详的，如果这两首诗能经常萦绕在我们耳边，“情”与“理”的策略便有机会贯穿于家学育人的全过程了。

第一首《望庐山瀑布》重“情”，是唐代大诗人李白50岁左右隐居庐山时所作，形象地描绘了庐山瀑布的雄浑、奇异和壮丽，字里行间都流露了诗人对大好河山无限热爱的情怀。

望庐山瀑布

唐　李白

日照香炉生紫烟，

遥看瀑布挂前川。

飞流直下三千尺，

疑是银河落九天。

扫码跟随音频吟诵

第二首《题西林壁》是宋代大文豪苏轼48岁由黄州到汝州经过九江游庐山的诗作。庐山横看绵延逶迤、连绵不绝；侧看则峰峦起伏，奇峰突起。告诉人们只有远离庐山，在高处观瞻，才能全面把握其真正姿态。

题西林壁

宋　苏轼

横看成岭侧成峰，远近高低各不同。

不识庐山真面目，只缘身在此山中。

同样写庐山，李白笔下的庐山是飞瀑银河，而苏轼眼中的庐山是高低不同。一个像酒，豪情千尺，一个像茶，冷静从容；一个重“情”，一个重“理”。

当我们处于情绪之中时，不妨吟诵一下苏轼的“不识庐山真面目，只缘身在此山中”，也许会冷静下来；当我们心灰意冷时，不妨吟诵一下李白的“飞流直下三千尺，疑是银河落九天”，也许会重拾对生活的热情。

拓展阅读

女儿为什么不愿意跟母亲逛商店

一位母亲喜欢带4岁的女儿逛商店,可是奇怪的是女儿总是不愿意去。母亲不得其解,直到有一次当她蹲下身子为孩子系鞋带时,不经意地抬头一望,发现眼前是一幅充满晃动的腿和胳臂的意外场景,母亲恍然大悟,其实自己逛商店和女儿逛商店看到的场景是完全不同的,于是她抱起孩子,快步走出商店。

此后再去商店,她也是把孩子扛在肩上……

这也许是"换位思考"的一个最简单的案例了吧。

本节思维导图

近思远想,融情入理

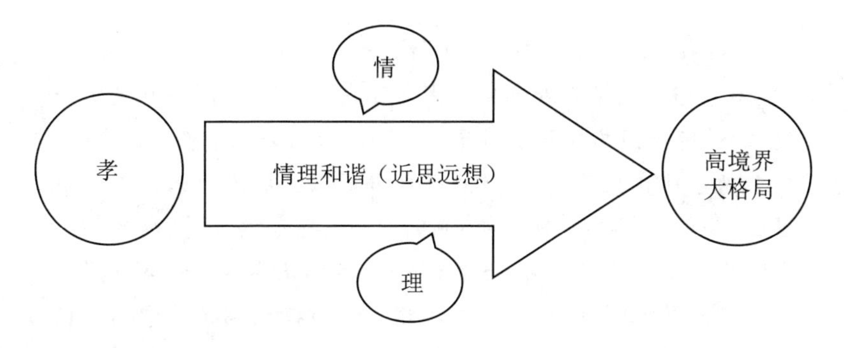

第二节 文、质、和、谐——外文内质，止于和谐

本节讨论的是从家学育人的起点“孝”到目标高境界与大格局的第二个策略——文质彬彬。

“文”代表人感受外物的符号，“质”是能够被人感受的实体。“和”侧重和而不同，“谐”侧重统一意志。讨论“文”与“质”的关系重要的是坚守本心，以优秀的“文”去化“质”；讨论“和”与“谐”是为了达成家庭成员的广泛参与与接受优秀家学的引领统一。

一、好口才为何没办成事儿?

《吕氏春秋》记载了一段“子贡索马”的故事。

有一天，孔子领着学生们驾车出游，休息的时候，车夫一个没注意，有一匹马挣脱了缰绳跑到路边田里去吃了农夫的庄稼。农夫见了非常生气，二话不说就把马牵回去扣了起来。子贡追过去，给他作揖说：“对不起，我们的马吃了您的庄稼，怪我们看管不严。请您原谅，请将马还给我们，我们还要着急赶路呢。”

农夫像没听见一样，根本不理。子贡回到树下将索马经过讲给孔子，孔子让子贡请车夫向农夫去讨。

车夫见到农夫，不紧不慢地说：“你又不是在东海种地，我也不是在西海种地，我们的地挨得这么近，那马为什么不能吃点你

的庄稼呢？你快点将马还给我们……”

农人听了和车夫说：“你说得一点也没错！哪像刚才的那个家伙，连话也不会说。”说完将马解下来还给了车夫。[①]

子贡是孔子言语科的优秀学生，用俗话说，就是很会说话的学生，那么，子贡这么好的口才，为什么面对一个农人，却是这样一个结果呢？分析一下：子贡的话包括礼貌、道歉和请求，而养马人重点解释了马吃庄稼的合理性（虽然这理由有点牵强），子贡更多关注的是“文”，而养马人更多关注的是“质”。

二、文与质——表现与实体

扫码观看解读视频

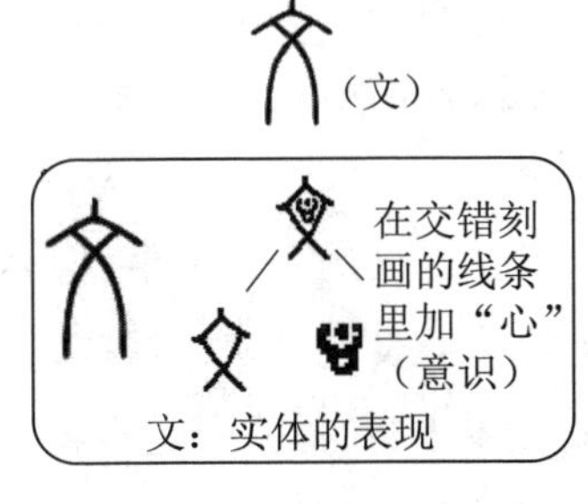

图3.10 “文”的古字

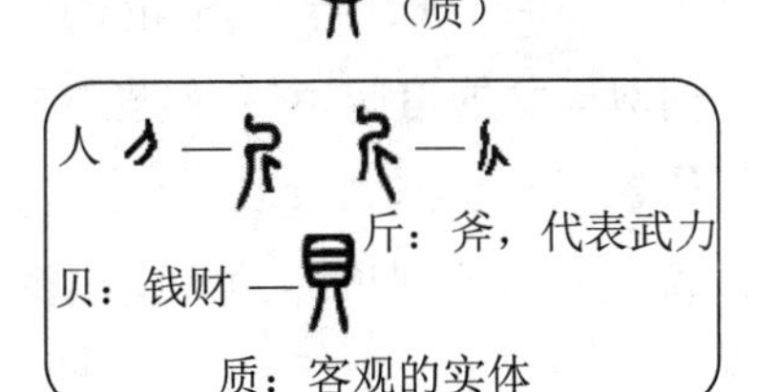

图3.11 “质”的古字

（一）“文”——形之表物也

汉代许慎在《说文解字叙》提到文字的产生时这样表述：

仓颉最初造文字，是按照各种物类的形体画出相应的条纹符号，这些条纹符号叫作“文”；随后又将这些“文”用会意、形声

① 原文：孔子行道而息，马逸，食人之稼。野人取其马。子贡请往说之，毕辞，野人不听。有鄙人始事孔子者，曰：“请往说之。”因谓野人曰：“子不耕于东海，吾不耕于西海也。吾马何得不食子之禾？”其野人大说相谓曰：“说亦皆如此其辩也！独如向之人？”解马而与之。（《吕氏春秋·孝行览·必己》）

的方式组合起来,以满足更多表达的需要,这些组合起来的"文"就叫作"字"。也就是说"文"是最初的象形字,"字"好像这些象形字所生的孩子("字"的本义是生孩子的意思)。[①]

其实,仓颉也是在前人的基础上完成这一伟大创举的,前人不止一位,但伏羲氏应该是其中重要的一位,《说文解字叙》大致借用了《易经·系辞下》的表述:

古时伏羲氏治理天下,抬头观察天上日月星辰的运转,俯身观察大地山川的分布,细观鸟兽羽毛的斑纹、土地所生的植物,近取于人的身体,远取于宇宙万物,创作出八卦,以融会贯通宇宙产生、变化的规律,用以参与、调解天地化育万物之不足,描绘自然万物的情性、姿态与形状。[②]

组成八卦的最基本的单位就是"爻"。有学者认为,"文"字中间的一横代表天,上面的一点代表天意,下面的"乂"就是"爻"的一半。这种说法是否有根据暂且不论,但有一点,人们都认可,就是**"文"代表人们对天意的追问,对自然规律的探究**。

伏羲画卦也好,仓颉造字也罢,本意也许只是为了记事,但客观上是将人们对客观世界的认识用图案和符号表现出来。这样,人们的意识中就有了两个系统,一个是客观世界本身,另一个是**对客观世界描述的符号系统,即"文"**。人们所见到的客观世界十分有限,通过"文"可以在更大的时空范围内增加对客观世界的认识,但是"文"毕竟不是客观世界,或者说并不能完全反映客观世界。

文,甲骨文写作"[甲骨文字形]",是象形字,字形像众多线条"[线条]""[线条]"交错形成的图案,表示古人刻画在岩石、兽骨、身体的花纹图案,是用来传达

① 原文:仓颉之初作书也,盖依类象形,故谓之文;其后形声相益,即谓之字。字者,言孳乳而浸多也。(《说文解字叙》)

② 原文:古者包牺氏之王天下也,仰则观象于天,俯则观法于地,观鸟兽之文与地之宜,近取诸身,远取诸物,于是始作八卦,以通神明之德,参赞天地之华育,以类万物之情。(《易经·系辞下》)

意识的图画性符号，“文”字像一个站立着的人形，最上端是头，头下面是向左右伸展的两臂，最下面是两条腿，在人宽阔的胸脯上刺有美观的花纹图案(指“文身”)。

有的甲骨文将“文”写作“”(图3.10)，简化了图案的线条，仅用四段交错的线条高度概括出纷繁多样的表意图画的本质特征。还有的甲骨文写法在交错的线条内加了一个“心”，写作“ ”，表示**用心感受世界之后，用“文”来表现**。

(二) “质”——实体也

上一节故事中，触龙与赵威后谈论的主要人物是“长安君”，那长安君后来又如何呢？

据《史记·赵世家》记载，赵悼襄王六年(前239)，长安君被封于“饶”[①]，“饶”就是现在的河北的饶阳县，这年距离赵孝成王元年到齐国去做人质已过去了26年。虽然时间长了点，但还是应验了触龙的预言，长安君因为做人质而为赵国立下了功劳，后来被封饶地，他人也没有微词。

当时有一个叫子义的人听到这件事后非常感慨，说了一句话，后被司马迁收录到《史记》中：“国君的儿子，那是亲骨肉啊，尚且不能享有没有功勋的高位、没有功绩的俸禄，何况做臣子的呢！”[②]可见，在当时“无功不受禄”的思想已经被普遍接受。

只是还是要追问一下，齐国为何一定要长安君做人质呢？为何不可以两国签一个纸面的文书协议呢？道理很简单，根据当时的外交惯例，联盟国一方撕毁协议，对方是会杀掉人质的，赵威后不允许长安君有任何闪失，因此就会坚决地保证与齐国的盟国关系。可见，

① 原文：(赵悼襄王)六年，封长安君以饶。(《史记·赵世家》)

② 原文：子义闻之，曰：“人主之子也，骨肉之亲也，犹不能恃无功之尊，无劳之奉，而守金玉之重也，而况人臣乎？”(《史记·赵世家》)

“**质者，实体也**”。而纸面协议不过是一纸空“文”，这完全可以表明“质”与“文”的区别了。

质，小篆写作“”（图3.11），金文写作“”，由“”（人）、“”（贝）和“”（斤）组成，“”代表钱财，“”是斧子的象形，合起来表示用武力劫持以求财，具体说来就是以刀斧劫持人员作抵押，以求赎金，而作为抵押的人员一定是可以让对方拿出钱财的人。后来，用“质”组成的词，如实质、本质、资质、品质、素质、材质、优质、对质、土质等，都含有实体的意思。

这样看来，“文”代表人感受实物的符号，而“质”是能够被人感受的实体。

三、和与谐——不同与统一

扫码观看解读视频

（和）

口：吹

禾：以禾管为笛

和：禾管排笛发出谐调的乐音

图3.12 “和”的古字

（谐）

直说叫“言”

比：表示两人在一起

曰：代表言说

谐：观点一致，相融相和

图3.13 “谐”的古字

（一）“和”——和而不同

2008年8月8日，第29届夏季奥林匹克运动会在北京举行，世界204个国家和地区的运动员、记者以及政要齐聚北京鸟巢主会场。大会开幕式表演了中国传统的活字印刷术(图3.14),用了三个不同字体展示了同一个字——“和”字,分别是“[illegible]”“[illegible]”“和”。通过这个“和”字向全世界观众展现了中华民族的文明历史进程和中华民族对世界和平的美好愿望,当时的解说词是:

一个“和”字荏苒千年,发展变化,表达了孔子的人文理念“和为贵”,彰显出中华民族的和谐观历史悠久,传统优良。

图3.14 北京奥运会开幕表演

和,甲骨文写作“[illegible]”(龢),由“[illegible]”和“[illegible]”组成。“[illegible]”上面的“A”,不是字母“A”,当时也绝不可能有拉丁字母,是嘴巴吹奏时的口型,而下面的“冊”,完全就是排笛的象形,上下合起来就是用嘴吹排笛的写照(图3.15)。右边是“[illegible]”是“禾”的象形,表明排笛由禾管组成。

图3.15 排笛

排笛的特点是每根禾管的粗细一样，但长度递增，其效果是音色一致，而声音高低参差，吹奏起来可以既统一又不完全一致，既富有变化又保持协调，这就是“和”的本义——“和而不同”。

后来简体金文“和”写作“”（图3.12），写成“口”“禾”会意的结构，淡化乐器的意义，强调“开口表达不同观点”的意义，小篆写作“”。

“开口表达不同观点”这句话其实可以从两个层面理解，一是有不同的意见；二是不同的意见可以表达。如果没有不同的意见，那么社会便失去了多样性、丰富性，表达出来也无济于事；如果有不同意见却不能表达出来，那么意见便会转化成内在的郁愤，社会便会产生不稳定因素。**“开口表达不同观点”就是“和而不同”**，是儒家所倡导的和谐社会的标志。

（二）“谐”——统一意志

《尚书·尧典》中有这样两句话：

克谐以孝，烝烝乂，不格奸，瞽瞍亦允若①。

意思是说：舜能够用孝使全家和睦、安定、淳厚善良，不至于作奸犯科，舜的父亲也变得和顺了。

据《史记》记载，舜的父亲是个盲人，生性顽劣，舜生母去世后，父亲又娶了一个妻子，并生了一个儿子叫作象。父亲喜欢后妻的儿子，总想杀掉舜，舜只要犯一点小过失就要受到严厉惩罚。但舜却孝敬父母、友爱弟弟，从来没有松懈怠慢。

舜非常聪明，在他们想害自己的时候，就不让他们找到，但有事情需要舜的时候，他又总在旁边恭候着。一次，舜爬到粮仓顶上去涂泥巴，父亲在下面放火烧粮仓，舜拿着两个斗笠像带了降落伞一样，从

① 克：能够。烝烝：淳厚的样子。乂(yì)：善。格：至。瞽瞍(gǔsǒu)：瞎眼无瞳仁，这里指舜的父亲。传说舜的父亲善恶不分，协同象谋害舜。允：信实。若：和顺。

粮仓上落下来逃走了。后来,父亲又让舜去挖井,舜先在井壁上凿出一条通往别处的暗道。挖井挖到深处时,父亲和弟弟一起往井里倒土,想埋掉舜,舜从暗道逃走了。他们本以为舜必死无疑,但后来看到舜还活着时,就假惺惺地说:“你跑到哪里去了?我们特别想你呀!”

他们经常想方设法害舜,但舜不计前嫌,还像以前一样孝顺父亲、友爱弟弟。后来他的美名远扬,尧帝知道后,就把两个女儿嫁给他,并让位于他,天下人都归服于舜。

“克谐以孝”中“谐”是“孝”的结果,从上面的故事中可以看出,先前,舜面对的家庭并不和谐,父亲和弟弟都要害他,更谈不上意见统一了。舜坚守孝道、亲情,再加上自己的聪明,使得父亲与弟弟有了改变,促成了家庭和谐,进而是天下一统,这正印证了“修身、齐家、治国、平天下”的说法,就是说“谐”是践行仁爱、孝道的结果。

皆,的金文写作“”,上面是“”,是“比”字,表示两人在一起、一同,下面是“”,是“曰”字,代表说,合起来表示异口同声。如图3.13所示,小篆在“皆”的前面加上“”(言)就成了“”(谐),强调意见相同。

将“和”与“谐”比较一下。这两个字其实是近义词,但有所侧重——“和”表示不同的意见相融合、有共鸣,强调的是和而“不同”;而“谐”指观点、意见完全相同,强调统一意志。两个字大致相当于“民主”与“集中”的过程,民主的过程是畅所欲言,之后是充分讨论与论证,最后达成统一意见,一旦结论达成,就要共同坚守,此为“和谐”。这一个过程就是家学建设的过程——充分讨论,共同坚守。

四、文质彬彬,以家学育人

本书的核心观点:家庭育人的本是“孝”,家庭育人的方向是高境界与大格局。儒家讲“人之初，性本善”，这个善就是本心，人生活在社会中，有可能失去本心。“孝”也同样，是本心，但也有可能失去。让孩子保持本心，进而让人走向高境界与大格局，“文质彬彬”是一个有效的策略。

（一）“文”的重要性

《论语·雍也》就“文”与“质”有着比较明确的论述：

子曰：“质胜文则野，文胜质则史。文质彬彬，然后君子。”

这里“质”的意思是朴实、自然、不加修饰的内容。“文”的意思是文采，是经过修饰的内容的外在表现。“野”指粗鲁、鄙野，缺乏文采。“史”指言词华丽，有虚伪、浮夸的意思。

整句的意思是内在的朴实多于外在的文采，就流于粗俗；而外在的文采多于内在质朴，就流于虚伪、浮夸；外在的文采文与内在的朴实配合恰当，就是君子的修养。

用儒家的观点解读就是内在具备“仁”的品格，同时又能合乎“礼”而表现出来，方能成为“君子”。文与质的关系转化为“仁”与“礼”的关系。

重视“仁”，好理解，因为人们对一个人的内在修养是比较重视的。儒家却非常重视“礼”，不但现在有人不够理解，就连孔子的时代，也有人提出过疑问。《论语·颜渊》有这样的记载：

棘子成曰：“君子质而已矣，何以文为？”子贡曰：“……文犹质也，质犹文也。虎豹之鞟犹犬羊之鞟。”

棘子成是卫国的一个大夫，他对孔子的“文质彬彬”的说法不理解，就说：“君子只要具有好的品质就行了，要那些表面的仪式干什么呢？”子贡替老师做了回答，说：“文采和本质一样，同等重要。比如去掉了毛的虎皮和豹皮，和去掉了毛的犬皮、羊皮有何区别呢？”这个比喻是说“文”其实是“质”的一部分，二者合二而一。

儒家以积极入世为宗旨，讲通过“修身”达到“齐家、治国、平天下”的目标。修身就是提高内在的修养，而“齐家、治国、平天下”是要用自己的修养影响周围的人。有没有好的修养是一回事，能不能有效地影响周围的人是另一回事。内在的修养称为“仁”，如何有效地影响，儒家有一套规范的行为规则，称为礼。

《孔子家语》之“劝学”篇记载孔子家庭教育中的一个故事：

> 一天，孔子对他的儿子孔鲤说：“孩子啊，君子不可以不学习，与人会面不可以不修饰一下自己，因为不修饰就会显得不整洁，外表不整洁就显得对人不尊重，对人不尊重就等于失礼，失礼就不能立于世。”①

一个君子如果不能立于世，就不能完成积极入世的任务，可见，“礼”（也就是“文”）对于完成一个君子的社会担当何等重要。

（二）“文”对“质”的作用

前文讨论过人的遗传来自“自身、家族、社会和自然”，若是家族遗传在心里起主要作用时，人就可以保持“孝”心；若是自身遗传起主要作用，人的自私自利就占了上风。从这个角度上讨论，高境界与大格局的养成同样也具有挑战，当社会遗传和自然遗传在人的心灵深处起主要作用的时候，人的境界就处在高处。格局也会处于扩大的状态。

从这个意义上来说，从“孝”到高境界与大格局并不是物理学上从起点到终点的距离问题，而是个人的关注中心从家庭到社会，再到世界的过程。不是关注自己得到什么，而应关注自己格局的拓展，这个变化的过程，就是“文”对内在的“质”起作用的过程。

“文质彬彬”并不仅仅是一个状态，还应该是通过“文”去修养

① 原文：孔子曰：“鲤，君子不可以不学，见人不可以不饰。不饰则无根，无根则失理，失理则不忠，不忠则失礼，失礼则不立。”（《说苑·建本》）

"质"的过程,"质"是作为个体"人"的内在修养,而"文"是一个民族的文化修养的普遍表述,就儒家而言,这一种文化修养的表述就是"礼",家庭教育乃至全民教育,用"礼"来规范的作用就是使每一个受教育的个体保持本心,这个过程就是从外在"文"到内在"质"的过程。

《孔子家语》中记载了孔子与子路的一次对话,孔子劝导子路要学"文",子路认为自己品行正直,武艺高强,就对孔子的劝导提出了质疑:

> 南山有一种竹子,不需柔烤加工就很笔直,把它砍下来做成箭,不需要任何修饰,就能穿透牛皮做的铠甲。以此类推,学"文"有什么必要呢?

孔子语重心长地说:

> 如果在这竹子末端绑上羽毛,并给它加上金属的箭头,再把箭头打磨锋利,这箭射得不就更加深了吗?[①]

结果是子路成了孔子的大弟子,因为子路听懂了孔子的话,明白了"文"对"质"的作用。

诗词大家叶嘉莹教授有太多的头衔,如中华古典文化研究所所长、加拿大皇家学会院士、中央文史馆馆员,但人们给她的称呼却是"中国最后一个女先生",可见人们对她的尊敬。先生学识渊博、著作等身,更令人敬佩的是先生作为诗词大家的文化担当。

叶先生第一本开蒙读物是《论语》,读到"朝闻道,夕死可矣",先生深受震撼:"'道'是个什么样的东西啊?怎么有那么大的力量?为什么说早上懂了这个东西,晚上死了都不白活?"读到"五十而知天命",又想:"'天命'是什么?'知天命'是什么感觉?"当时虽然没有真正体悟,但却激起了少年叶嘉莹直观的感动和好奇。

叶先生经历了人生的坎坷与残酷,渐渐参悟了"道"与"天命",超

① 原文:子路曰:"南山有竹,不柔自直,斩而用之,达于犀革。以此言之,何学之有?"孔子曰:"栝而羽之,镞而砺之,其入之不亦深乎?"子路再拜曰:"敬而受教。"(《孔子家语·子路初见》)

越了内心的小我,将眼光投向更广大、更恒久的向往和追求。2019年,叶先生累计向南开大学捐赠3568万元,用于中国古典文化的传承。

叶先生的成长经历进一步印证了"文"对"质"的塑造所起的作用。

家学文化的建设是所有家庭成员学习、践行国学经典核心思想,自我进步的过程,即"质"外化成"文"的过程。同时,家学育人的过程,就是用家学的境界与格局、家长的榜样来影响孩子的过程,其实就是"文"影响"质"的过程,即以家学文化来育人。

五、育人实践,读书修身

前文讨论了"文"的作用,但绝不是说一个孩子内在的修养不重要,只是想表达关于"文"的两层含义:一是指个人之"文",是孩子内在修养真实的外在表现,而不是虚假的装腔作势;二是指家学之"文",对孩子的内在修养的提升具有促进作用。

"文质彬彬"是指文质并重、内外兼修、均衡协调的状态,下面将讨论家学育人过程中如何让孩子接近这种状态。

(一) 文之以礼乐

对于儒家学者来说,"文"最重要的表现在于礼乐。礼乐制度是国家、朝廷"文"的形式,个人修身要"文之以礼乐"①。

《礼》与《乐》是孔子教学的两个内容,《乐》因为失传,这里不做讨论,人们一般认为《礼》是一些繁文缛节,其实也不尽然,如下面一段:

大道之行也,天下为公,选贤与能,讲信修睦。

① 原文:子路问成人。子曰:"若臧武仲之知,公绰之不欲,卞庄子之勇,冉求之艺,文之以礼乐,亦可以为成人矣。"(《论语·宪问》)意思是:子路问怎样做才是一个完美的人。孔子说:"如果具有臧武仲的智慧,公绰的克制,卞庄子的勇敢,冉求那样多才多艺,再用礼乐加以修饰,也就可以算是一个完人了。"

故人不独亲其亲，不独子其子，使老有所终，壮有所用，幼有所长，矜、寡、孤、独、废疾者皆有所养，男有分，女有归。货恶其弃于地也，不必藏于己；力恶其不出于身也，不必为己。

是故谋闭而不兴，盗窃乱贼而不作，故外户而不闭，是谓大同。

用现代文来说大致意思是：大道施行时，天下属于天下人，推选德才兼备之人管理国家，人人诚信，社会和睦。人们在奉养自己父母的同时也关心他人的父母，养育自己子女的同时也关心他人的孩子，老年人得以终其天年，中年人有机会为社会效力，孩子可以健康成长，弱势群体能得到社会的供养，男子有工作，女子有归宿。人人讲究节俭，人人愿为社会贡献，且不自私。结果是社会风气良好，歪风杜绝，具体表现为晚上家门都不用关，这叫作大同社会。

这一段就选自《礼记·礼运》，没有繁文缛节的影子，简直就是对共产主义社会的具体描述，如果孩子经常读这样的文章，文字便有可能渐渐内化为孩子的思想修养，再慢慢外化为孩子的行为。这一过程简单说就是用“文”来化人，即“文化人”。玉不琢，不成器。一个刚刚出生的人，称为自然人，不经过后天的教化，不可能成为真正的人。曾经读到过这样一个故事：

有人得到一颗非常珍贵的种子。这颗种子种下以后，会开世界上最美丽的花，会结世界上最甜蜜的果。几年以后，他的朋友都以为树已枝粗叶茂、开花结果了，纷纷前来向他要这棵果树的种子。可他连那颗种子都还没有种。朋友们诧异了：“你为什么不种呢？”他回答说：“我怕种下去会晒死。”朋友说：“可以早晚浇点水嘛。”他说：“我怕浇水会把它泡烂。”朋友说：“你可以开沟排水呀！”他说：“这么珍贵的种子，我怕被飞鸟啄掉！”就这样，这颗种子干瘪了，永远不能开出世上最美的花，结出世上最甜的果。[①]

① 张先华.“文质彬彬”的教育文化解读[J].生活教育，2012(10)：2.

人们都知道现实没有这样的人，但作为家长是否可以反思一下自己，在教育孩子的过程中有没有上述想法与做法呢？

家学育人过程中，一是要找到好的种子——以国学经典建设优秀家学文化；二是播种——将优秀的家学文化植入孩子的内心深处。

（二）文质彬彬，止于和谐

如果把一个君子的修养比作一辆汽车的话，“文”相当于车的形体外表，“质”相当于车的动力系统。车的外形设计不仅仅是为了好看，更重要的作用在于可以要减少空气的阻力，减少油耗，提高动力。至于要减少多少阻力，减少多少油耗，提高多少动力，要与车的动力系统与车的整体功能相匹配。卡车要载物，就要有高大的车身；轿车载人要有一定的速度，车身就要低矮一些；跑车载人少速度要求高，外形就要设计成流线型。

“文质彬彬”相当于车的外形与内在动力的相得益彰，但孩子的成长却不是家长设计的，况且孩子的内在修养是不断变化的。家学育人的目的就是要通过“文质彬彬”的君子形象来教育与培养孩子，使之成为具有高境界与大格局的人。但到底要有多高的境界与多大的格局，要根据孩子特质与成长阶段与所处环境来确定。所以，我们一直说的是“文质彬彬”，而非“文质优异”，“彬彬”者，和谐也。《论语·学而》有云：

有子曰：“礼之用，和为贵。”

具体的思路是根据孩子的特质和孩子成长的阶段性来选择“文”的内容，《大学》把君子的成长分为“格物、致知、诚意、正心”的内修步骤与“修身、齐家、治国、平天下”的外在格局层次，就是给我们如何选择“文”以参照。

如果孩子各方面的特质较突出，对其境界与格局要求就要高一点、大一点，否则，就相对低一点、小一点。再如孩子学龄前，大部分时间在家生活，引导孩子关注自己与家庭成员之间的关系，读一些有关家庭和谐的故事，了解一些家庭的生活规范；上学之后，引导孩子关心自己与班级成员的关系，写下与班级成员和谐相处的故事，真诚地践行学校的行为规范；进入社会后，要思考自己可以为社会作出什么贡献。

可能有人会问，孩子一直在关注他人，那孩子自己的利益谁来保证呢？其实，一个孩子视角有多大，舞台就有多大，个人与舞台合二为一，自己与集体的利益融为一体，自己还缺利益吗？如周总理为中国人民的解放事业奋斗了一生，共和国的事业就是他的事业，利益不可谓不大乎！

教育孩子当然要因材施教，但每一位家长又不是专业的教育家，如果把育人内容分得太细，方法设定太复杂的话，可能无法进行具体操作。古人在这方面留下了简单明了的方法。

《钱氏家训》讲：

祖宗虽远，祭祀宜诚；子孙虽愚，诗书须读。

《朱子家训》讲：

祖宗虽远，祭祀不可不诚；子孙虽愚，经书不可不读。

两个家训不约而同地讲到了“祭祖”与“读书”。可见，这两点也许是让孩子成就不同境界与格局的共同途径，或者是实践“文质彬彬”育人策略的重要途径。

“祭祖”的作用在于将父母的教育者身份与孩子的被教育者身份适当淡化，在祭祖的过程中让二者成为共同实现家族理想的“同志”，二者相互尊重、相互鼓励、相互配合、相互提携、相互批评，最后达到自我教育、共同进步的目的。祭祖的具体做法并不需要完全恢复，但对祖先的尊敬，家长与子女之间的自我教育、共同进步的思想是要坚守的。

“读书”，特别是读“圣贤书”，这一点是应该坚持的，读圣贤书就是和历史上的贤达之士交流，同时读圣贤书可以反观自己，思想在交流和反观之间不断往来，最后完成自我的成长。2015年12月，上海市梅陇中学七年级一班金彩同学写过一篇作文，题目是《读一本好书，做一世好人》，其中有下面的文字：

书，对于我来说，她“亦师亦友”，难过时，她轻言细语地安慰我；沮丧时，她激情洋溢地激励我；骄傲时，她义正词严地批评我。从小到大，她一路陪伴着我，因为有了她，我收获了许许多多的欢笑和泪水；因为有了她，我逐渐地成熟和长大。

孩童时，我非常喜欢读童话故事。《海的女儿》中小人鱼的善良让我明白了要拥有一颗纯真的心灵，要做一个好人。于是我和爸爸妈妈一起，无论是市里的募捐活动，还是山区的慈善活动，我们都积极参与，献上一份爱心。当那一双双乌黑闪亮的大眼睛望着我，接过我手里的书籍和礼物时，我是如此感动。

可以看出这孩子已经把读书与自我的修养融为一体，当人家接过自己的爱心赠与，自己的感受不是志得意满，更不是趾高气扬，而是感动。这就是纯真的心灵的真实写照，是忘我的境界，将对方的闪亮的大眼睛看作是最美好的馈赠，因而感动。

2020年9月26日，金彩同学作为学生代表在复旦附中建校70周年主题大会上发言：

回望身后那一片土地上留下的，是坚实的脚印；抬眼望去，前方是自由而辽阔的舞台；远方是美好而光明的未来……附中带给我们的远远不只是丰富的学科知识，更有着对生活积极探索的精神和家国情怀。

这里可以看出这孩子关注的是生命的踏实，畅想的是美好的未来，追求的是生活的真谛，修养的是家国情怀。这是实实在在的读书修身实践。

六、“梅雪争春”与“把酒桑麻”

读诗,最重要的感受就是舒服,舒服就是体验美的过程。诗的美,体现在音韵、节奏、境界、情感、哲理等多方面,而美的最高标准就是和谐。天讲木、火、土、金、水的和谐,身体讲肝、心、脾、肺、肾的和谐,人生讲酸、苦、甘、辛、咸的和谐……

本节结束之前吟诵两首诗,一起体验生命的和谐。

扫码跟随音频吟诵

雪梅

宋　卢梅坡

梅雪争春未肯降,
骚人搁笔费评章。
梅须逊雪三分白,
雪却输梅一段香。

梅花和雪花都认为各自占尽了春色,谁也不肯服输。难坏了诗人,难写评判文章。说句公道话,梅花须逊让雪花三分晶莹洁白,雪花却输给梅花一段清香。雪花胜在“文”,梅花胜在“质”。我们家庭教育中到底要重视“文”,还是重视“质”呢?

分数是“文”,能力是“质”;应试是“文”,素质是“质”;短期的成绩是“文”,长期的效果是“质”……如此看来,“文”与“质”好像是对立的、分离的。其实客观地讲,“文”与“质”是一体的,没有离开“文”的“质”,也没有离开“质”的“文”,只是人们重视的角度不同,因为“质”是朴素的“文”,“文”是修饰的“质”。

孩子个体的“文”是内在修养的外化,家学的“文”可以影响孩子的内心修养。

过故人庄

唐 孟浩然

故人具鸡黍,邀我至田家。

绿树村边合,青山郭外斜。

开轩面场圃,把酒话桑麻。

待到重阳日,还来就菊花。

诗人到田家做客,不去酒家,是质朴,准备鸡黍,非粗茶淡饭,是热情,此乃和谐之一。邀而至,不唐突,也不客气,此乃和谐之二。近处绿树,远处青山,绿树环绕,青山横卧,此乃和谐之三。开轩畅饮,坦荡开怀,谈桑论麻,朴实清新,此乃和谐之四。“待到”一词,是说老朋友不是朝夕相处,但绝不是相见无期,此乃和谐之五。“重阳”一词,令读者心清气爽,“菊花”一词,令人忘却俗事,此乃和谐之六。

全诗看来,既真诚,又质朴,和谐有加。经常读一读这首《过故人庄》可以将我们的心态调整到一个和谐的状态中,进而有助于在家学文化建设与家学育人过程中完成“文”与“质”的和谐。

拓展阅读

林肯“以貌取人”

林肯任美国总统时,曾经有人向他推荐一位官员,而林肯的回答是:“我不喜欢他那副长相。”

那个人不满地说:“不可以貌取人。”

林肯却说:“一个人到了40岁就必须对他的长相负责。”

一个人是带着父母赋予的相貌来到人世间,但随着时间的推移、家庭的教化、环境的熏陶、自身的学习使其内涵逐渐丰富,同时潜移默化地改塑了人的外在形象。一个人的眉宇、神态、气质可以揭示他

的内心世界，林肯总统所说的“貌”应该指的就是这些，古人云“相由心生”就是这个道理。

本节思维导图

外文内质，止于和谐

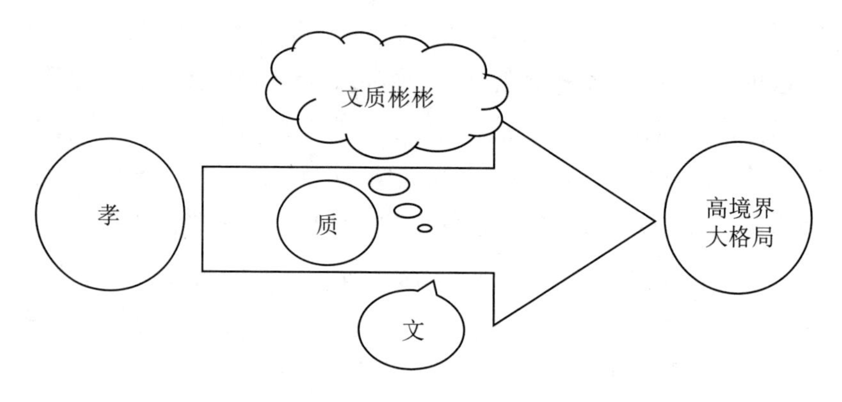

第三节 忠、恕、曲、直——忠己恕人，曲径直行

本节讨论的是从家学育人智慧的起点“孝”到高境界与大格局目标的第三个策略——曲径直行。

“忠”是坚守“大我”之本心，“恕”是摆脱“小我”之私心。“曲”是世界的常态，“直”是人们的追求。讨论“忠”与“恕”的关系，可以明确家学育人的实现方式——忠己恕人；讨论“曲”与“直”的关系，可以明确家学育人过程中的不圆满，坚守住方向，让生命成长更从容。

一、背女孩过河对吗?

有这样一个小故事：

大和尚带着小和尚出门云游。他们来到河边，河上没有桥，但河水不深，可以蹚过去。于是，大和尚和小和尚挽起裤腿，准备蹚过河去。

这时，从远处走来一个女孩。见到两个和尚，说：“两位师傅，我想过河，可我一个女孩家，没法蹚水过去，请你们行个方便，背我过河行吗?”小和尚听后心想：师傅常教导我们“男女授受不亲”，何况我们是出家人，怎么能背个女孩过河呢！于是便低头不语。谁知大和尚却点头应允。于是，大和尚背着女孩趟

过了河。

过河后，大和尚便放下那位女孩，与小和尚继续赶路。

走出了很远，小和尚忍不住问大和尚说：“师兄，师傅常教导我们‘男女授受不亲’，你怎么能背一个女孩过河呢？”大和尚听后反问道：“这里离刚才那条河有多远？”小和尚想了想说：“至少有20里路吧。”大和尚笑着说：“师弟，我把那个女孩背过河后就把她放下了，而你走出20里路，还没有把她放下。”

大和尚与小和尚的区别在于：大和尚“拿得起，放得下”，而小和尚该拿起时没有拿起，该放下时又没有放下，既没有帮助到别人，又徒然增加了自己的心理负担与烦恼。

“拿得起”是“忠”，“放得下”是“恕”。该放下时且放下，宽容别人，可以让自己保留一份轻松与愉悦。

二、忠与恕——感同与身受

扫码观看解读视频

(忠)

(恕)

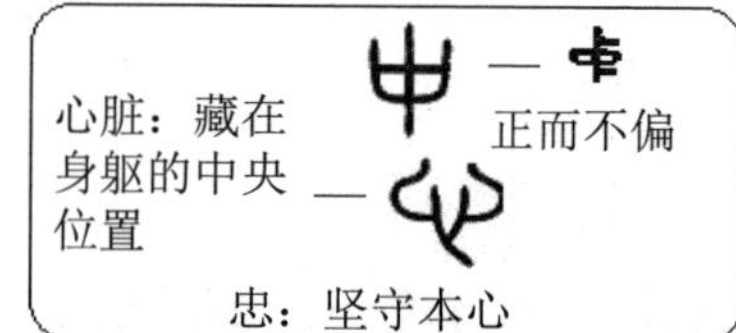

图3.16　“忠”的古字

图3.17　“恕”的古字

（一）“忠”——“八德”之首

第二章第二节专门讨论过“道”与“德”的关系，“道”指天道，“德”指人德。天道是宇宙自然的规律，人德是符合天道的人伦关系准则。中国传统的人伦关系称为“五伦”，指父子、兄弟、夫妇、君臣、朋友，具体表现为父子有亲、长幼有序、夫妇有别、君臣有义、朋友有信。孩子的成长就是要修养自己，促进上述良好人伦关系的形成，为此，传统文化提出了个人修养的八个方面，称为“八德”：孝、悌、忠、信、礼、义、廉、耻。“八德”历史上有较多的诠释，下面是笔者的理解：

“孝”是家庭和谐人伦纵向关系的修养——父慈子孝，“悌”是家庭和谐人伦横向关系的修养——兄友弟恭。

“忠”是工作和谐人伦上下关系的修养——君仁臣忠，“信”是朝堂和谐人伦左右关系的修养——朋诚友信（同师为“朋”，同志为“友”）。

“礼”是社会和谐人伦关系外在的规范——彬彬有礼，“义”是社会和谐人伦关系内在的真诚——坚守正道。

“廉”是自身与内心和谐关系的高级追求——恬淡自然，“耻”是自身与内心和谐关系的底线保证——良知良能。

“八德”之首为“忠”。因为忠从敬“天”开始，传统文化的“天”相当于我们现在所说的宇宙规律。敬天，就是遵循宇宙规律，之后是“观天道以明人道”，上面所谈论的“五伦”关系与“八德”修养均以“忠”为根本。

忠，金文写作“”（图3.16），由“”和“”组成，上面“中”的意思是正而不偏，表示在两者之间、不偏不离。下面是“心”，合起来的意思是“忠”，意思是“内心公正”。儒家认为的“忠”，就是上面所说的“敬天”，人是“天”运化而成，人心本来是与天相通，但在成长的过程中容易受自我为中心的意识影响而偏离“本心”，所以“忠”就是要忠于本心，就是我们现在所说的“不忘初心”。

（二）恕——同理之心

恕，金文写作“”（图3.17），上面“”是“如”字，下面“”是

“心”字(心情)。要解读这个字还是要先讨论一下“如”字,“如”有“像”的意思,但深入思考一下,并不是那么简单。

如果让小学生用“如”造一个句子,孩子们一定会很积极,一个个含有“如”的句子也会随即产生:

弟弟的笑脸如红苹果一样好看。

听了妈妈的夸奖,心里如喝了蜜糖水一样甜。

……

这里有两点是值得我们思考的,一是弟弟的脸不是苹果,我没有真的喝了蜜糖水;二是我真切地感觉到弟弟的脸就像红苹果,我的心里真的感觉像喝了蜜糖水。用理性的语言说就是:

相比较的两个对象客观上是没有交集的,是因为人有主观意识,主观意识当然含有分别心,分别心使我们感到两个对象的分别存在。同时,人们又可以感觉到它们的替代性,是因为世界本来就是一体的,人的意识又具有同理心,两个对象之间又有某些相似性,就产生了“如”这个词。

拿天与地来说,如果问天与地是一回事儿吗?人们马上可以回答:抬头望到的是天,脚下踩着的是地,天和地当然不是一回事儿。但根据现代科学对宇宙的认识,我们换一个角度思考,如果你站在地球之外的某处回答这一问题,现在踩着的应该就是天,具体说,“地”是“天”的一分子。

所以“恕”表示同心,即同情、同理,站在对方立场去感受,可引申为原谅、宽容对方的错误与造成的伤害。

总结一下,不管是“忠”还是“恕”,都和“心”有关,从分的角度是两个字,从合的角度又是一个字,**“忠”是坚守“大我”之本心,“恕”是摆脱“小我”之私心**。

三、曲与直——理想与现实

扫码观看解读视频

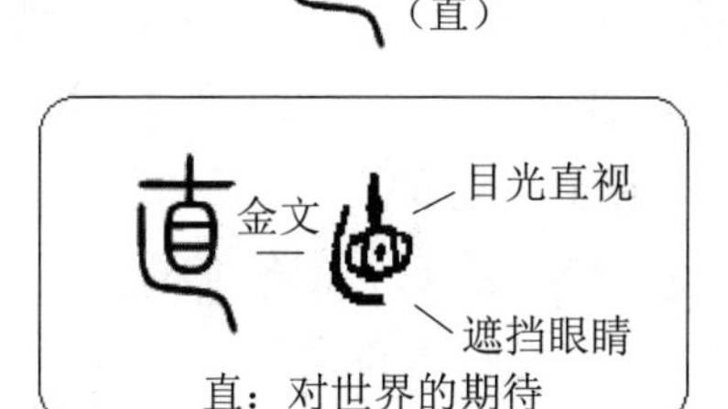

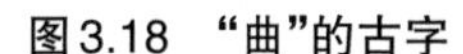
图3.18 “曲”的古字　　图3.19 “直”的古字

(一)“曲”——常态与美

“曲”字有两个读音，意思与“弯曲”有关的时候读“qū”，意思与“歌曲”有关的时候读“qǔ”，第二个义项是从第一个义项引申出来的，具体解释为：“节奏多变，抑扬起伏的音响。”

音乐发展的趋势是节奏与旋律的起伏变化由简单到丰富。我们平时说“诗歌”，表明“诗”与“歌”是合二为一的，是说所有的诗都是可以歌唱的，所以诗的形式与音乐的形式有着密切的关系。

先秦到汉末，无论是《诗经》的“关关雎鸠，在河之洲”，还是曹操的“对酒当歌，人生几何”，都是四言诗，原因是当时的伴奏的乐器主要是钟与鼓。从曹植的“煮豆燃豆萁”到陶渊明的“采菊东篱下”，主要是五言诗，原因是伴奏的丝竹乐器增多了。到隋唐，主要以七言诗为主，原因是南北的大融合后伴奏音乐增加了“琵琶”。钟与鼓强调的音高与节奏，后来的丝竹，即弦乐与管乐，在此基础上增加了旋律的优美，再后来的琵琶等，音调就更加丰富，更加婉转。

诗歌的曲调越来越宛转悠扬，越来越细腻，越来越可以充分表达人们的情感，也越来越美。

曲，金文写作“”，像一截竹子“”被揉折成直角。“曲”的本义就是“揉折竹子”。将竹子烧热到发软，用外力将竹子揉折出不同角度。篆文写作“”（图3.18），像一截竹子“”烧热变软成“∪”形。隶书将篆文“”——“∪”形的竹管，简写成“曲”。

回到“曲”的本义“弯曲”。**大千世界，万物皆“曲”**。长江之曲折入海，黄河之回旋东流，庐山之高低不同，泰山之峻极通天。举一个例子，黄山有四绝——奇松、怪石、云海、温泉，哪一绝不是曲的呢？有人也会说，海平面是平的，因为有“水平”一说，可地球是曲的，可见“曲”是世界的常态。

（二）“直”——直面与校正

有关“直”的词汇很多：

> 心直口快、单刀直入、横冲直撞、长驱直入、理直气壮、扶摇直上、是非曲直、直截了当、直言不讳、直抒胸臆、奋起直追、直系亲属、直来直去、直心眼儿、勇往直前、直达快车、青云直上、平铺直叙、秉笔直书……

仔细看一下，这些词中的“直”大多是主观的追求，而并不是客观世界本来就存在的。具体说“直”大多是和人有关，更明确一点说是和人的想法、动机有关。

古书中有深刻的解读：

> 《左传·襄公七年》：恤民为德，正直为正，正曲为直，参和为仁。
>
> 孔颖达疏：“襄七年传曰：‘正直为正，正曲为直。’言正者能自正，直者能正人曲，而壹者言其一心不二也。”

上面重要的两句是“正直为正，正曲为直”。这表明“正”与“直”

是不同的两个概念，为人实事求是不歪曲是为正，矫正弯曲是为直。“正”指人能够自我校正，“直”指能够校正他人的错误。

两个方面结合起来，可以初步得出：“直”是人们的主观修养，也是人们的追求——修己度人，即提高自己的修养，并在此基础上影响周围的人，其实这就是佛教中所说的“小乘佛法”与“大乘佛法”的追求。

回到汉字起源，直的甲骨文写作“”，是指事字，在眼睛“”上加一竖线“”，表示目光向正前方看，像木匠吊线。金文写作“”（图3.19），强调单眼吊线，指木匠单眼看木料（图3.20），以便消除凸曲部分。曲形“”，可以表示挡住一只眼，也可以表示单眼看木料以去曲求正。

图3.20 木匠单眼吊线

“直”，《说文解字》的解释是“正见”，是“正视，面对而不回避”的意思。要注意的是“直”强调的是主观的感觉，不是客观存在，是人对客观世界的看法与期待，就是要正视世界的“曲”，努力将其校正。

四、忠己恕人，教己育人

在家学育人策略上，“忠”与“恕”的过程可分为“自育”和“育人”

两个方面，育人绝不仅仅是家长教育孩子，更重要的是自我教育。教师是职业的称谓，是社会的分工，是有时限的，是可以选择的；但家长这个称谓是老天赋予的，是永恒的，是不可选择的。教师在学校教育中起主导作用，最重要的任务是“教书育人”，就是通过教授文化知识达到育人的目的；而家庭教育中起主导作用的当然是家长，家长的任务是“教己育人”，就是通过自身境界的提高与格局的扩大来影响孩子。

中华民族自古以来对家庭教育是相当重视的，从一句俗语中就可以看出，人们说一个孩子没有修养，都说“这孩子没有家教”，而不是说“没有学校教育”。

（一）家长的首要职责——

笔者作为家长，关于育人的认识是：

老天给我们一个孩子，是让我们去教育的吗？不，不是！是让我们对着他来教育自己的。

这从何说起呢？其实每一个孩子来到世界时都是天使，除了关注满足自身的生存条件外，更多的是关注世界的奥秘：

太阳为何从东方升起？鸟为什么会叫？云彩为什么不掉下来？……

但我们日常的引导大概是：

在幼儿园有没有小朋友欺负你？老师有没有表扬你？你要提高自己，让自己有更多的选择空间……

其实这些引导也无可厚非，这些都是对孩子的关心与爱使然，但如果这样的引导后面再跟着一句，就更完整了：

在幼儿园你有没有欺负小朋友？你有没有帮助老师做一些事情？你要提高自己，可以为更多的人提供帮助……

这些问题和引导看上去虽只是转换了一个角度，但背后却是家

学的一个思想认识问题——忠于自己的职责与使命是家学育人的根本原则。

家长的首要职责就是“忠己恕人”。“忠己恕人”是“教己育人”的具体实现方式。

“忠”绝不是单指封建社会臣子对皇帝的忠诚,更重要的是对自己职责的“忠诚”,具体来说:如果是医生,就要对救死扶伤的责任忠诚;如果是教师,就要对教书育人的职责忠诚;如果是公务员,就要对公共管理的职责忠诚;如果是学生,就要对追求真理的职责忠诚,由此有“学习是学生的天职”这一说法。总之,“忠”就是对自己使命的忠诚。

“恕”当然是宽容、宽厚,但宽容和宽厚最重要的是放下,这种放下是在内心深处放下,不是心里想着却不表现出来,而是心里不想。

就家长来说,第一就是忠诚于家长的使命,即为家庭乃至家族的进步负责,包括物质上的小康,更包括家庭文化的提升。第二就是放下,自己的使命一直在坚守,而外在名利、地位、财富没有达到应有的高度,这时要做的就是要放下,保持一个轻松愉悦的心境,这时也许更容易达成某些外在的目标。同时,以同理心去对待子女,如果孩子的学习品质与为人修养一直在提升或者没有下降,而成绩没有达到相应的要求,内心也要放下。不是放下进步的要求,而是放下内心的纠结,放下攀比心,家长放下了,家长与孩子心灵是相通的,孩子是可以感受到的!

“忠”与“恕”用一句俗语来说就是“尽人事”与“听天命”,尽人事的结果是不悔,听天命的结果是不怨,无怨无悔的人生与家庭便淡定、从容。

（二）教己与育人

一部分人理解的教育就是家长对孩子或者老师对孩子的说教、训导、管理、安排等，其实这仅仅是对教育最简单的理解与认识，这里有必要对古今中外有关教育的论述做一点介绍。

孔子——天何言哉？四时行焉，百物生焉，天何言哉？（《论语·阳货》）

这句话表面说的是上天的运化作用，即阴阳的运转变化有常、和谐，四季便周而复始，万物便生长有序。就教育而言，孔子不赞成口头的说教，强调整体教育环境与教育氛围的营造，在无声的教化中使孩子自身生发成长的动力。

有如时雨化之者，有成德者，有达财者，有答问者，有私淑艾者。此五者，君子之所以教也。（《孟子·尽心上》）

孟子总结了实施教化的方式有五种：一是像及时雨一样滋润万物；二是有助于成就德行；三是培养才能；四是解答疑问；五是凭借自身学养使孩子私下受到影响。

与善人居，如入芝兰之室，久而自芳也。（颜之推《颜氏家训》）

颜之推进一步丰富了孔子环境教育的作用，与高尚的人相处久了，就像长期处在兰花棚里面一样，时间久了闻不到花香了，为什么？因为已经被同化了，自己也具有了高尚的品质修养了。“孟母三迁”的故事就是一个典型的例证。

生活即教育。（陶行知《乡村教师》）

陶行知先生丰富了美国教育家约翰·杜威的教育思想，提出“生活即教育”的论断。至少包含三点内涵：一是教育全面观，教育的内容是生活的全部，绝不仅仅是书本；二是教育动态观，教育因生活的变化而变化；三是教育未来观，教育应该有利于孩子的终身发展。

教育意味着一棵树摇动另一棵树，一朵云推动另一朵云，一个灵魂唤醒另一个灵魂。(雅斯贝尔斯《什么是教育》)

能摇动另一棵树的树应该具备多大的高度与力量？能推动另一朵云的云应该具备多大的体量与动力？能唤醒另一个灵魂的灵魂应该具有怎样的境界与号召力？这是最应该思考的，“打铁还需自身硬”说的就是这个道理。

没有时间教育儿子，就意味着没有时间做人。(苏霍姆林斯基)

苏霍姆林斯基是享誉世界的教育理论家，是一个地地道道的教育“实践家”，他将自己对教育的思考付诸实践，最终形成自己的教育思想。上面这句话一定是他实实在在感觉到的——教育儿子是做人的重要课题。反过来说，自己做人不堂堂正正、真真切切、洒洒脱脱，儿子也不可能正正经经、实实在在、自自然然。

一个要教育别人的人，最有效的办法是首先教育好自己。(丹尼尔·笛福《鲁滨逊飘流记》)

这句话可以作为前面几句话的一个总结，不管是至圣先师孔子的“无声的教化”，还是亚圣孟子的“教化无法”，不管是《颜氏家训》的“环境影响”，还是陶行知先生的“生活教育”，也不管是雅斯贝尔斯“唤醒另一个灵魂”，还是苏霍姆林斯基的“教育就是做人”，总之，都是强调**育人的前提是教己**。甚至可以认为，自己不屑于去教诲别人，也是一种教诲[①]。

五、大直若屈，曲径直行

老子在《道德经》四十五章中有下面的阐述：

① 孟子曰：“教亦多术矣，予不屑之教诲也者，是亦教诲之而已矣。”(《孟子·告子下》)

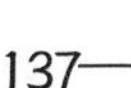

大直若屈，大巧若拙，大辩若讷。

"大直若屈"，我们看上去最直的东西，倒像是弯曲的，听上去像是谬论，其实却是大境界，我们不得不佩服老子的智慧！人们都知道"水平"这个词，一般认为"水"是平的，但从大视角来看，就不难发现——地球是圆的，海平面是一个"曲面"，这会给我们的教育带来很多思考。

(一) 承认不圆满

月亮一个月中也只有十五、十六是圆的，其他时候是缺的。满有满的完美，缺有缺的温馨，人们习以为常，均加以赞美。

我亲爱的朋友 /请接受我深深的祝愿 /愿所有的欢乐，都陪伴着你 /仰首是春，俯首是秋 /愿所有的幸福，都追随着你 /**月圆是画，月缺是诗。**

黄河在上游是一条清澈见底、水明如镜的河流(图3.21)。当地人们给各个河段取了非常有特色的名称，如卡日曲、约古宗列曲、扎曲、星宿曲、玛曲等。藏语称"河"为"曲"。所谓九曲十八弯只是一种概述的说法，形容河套平原上黄河的曲折性。

图3.21　黄河

曲折是一种常态，但黄河最终必将注入东海。

图3.22是长白山的盘山公路，绵长的盘山公路仿佛延伸到了天

边，顺着山势的变化曲折蜿蜒，整条盘山公路一共有72个弯。从海拔2188米处到海拔2516米处之间直线距离只有1千多米，却上升了328米。因此，约300度的急弯就有十几处，路长却有数公里，形成了极惊险的路段。

图3.22　长白山的盘山公路

之所以要修建盘山公路，是为了行车方便，同时也可以让旅行的人们沿路收获更多的自然风光。

上面的例子至少可以得出以下思考：

一是孩子的精神世界不完美是常态，因为“月圆是画，月缺是诗”，“画”是短暂的圆满，“诗”是常态的生活，我们的追求是要把常态生活过得诗情画意。

二是我们可以明确人生的方向，黄河一定要奔流到海，盘山路一定要通往山巅，孩子一定要向往高境界与大格局。

三是从容、快乐的成长过程非常重要。黄河直接注入东海当然便捷，但过程不丰富，也不现实，一定是九曲十八弯，有些河段还有逆流，如此九个省（区）的农田才得以灌溉。

我们经常听到个别家长给孩子这样的忠告：苦六年，上一个好的初中；再苦三年，上一个好的高中；再苦三年，上一个好的大学；再苦四年，找一个好工作；再苦几年，房子买好；再苦几年，结婚、生子、养大……扩展一下，就是“苦一辈子，为了离开这个世界”。这怎么可以？正常的思路应该是从容、快乐地生活、学习、工作、成长，成就一生的美好与惬意。“直”当然便捷，但只是美好的向往，确切地说是方向，而“曲”虽然不直接，但丰富、充实、实实在在。

（二）“小我”与“大我”

让自己生活得从容、快乐，关键的一点就是“从‘小我’走向‘大我’”。

图3.23 “小我”与“大我”

每个人内心深处，都有两个自我，一个是“小我”，一个是“大我”。早晨，闹铃响起，一个声音在耳边响起：“时间到了，该起床了！”这是“大我”的声音，“大我”以自我可以按时起床，完成自身的学习、工作任务为使命。与此同时，另一个声音紧接着说：“再睡一会儿！”这是“小我”的声音，“小我”以自我可以多舒服一会儿为快乐。

“小我”与“大我”对快乐的追求与感受是不一样的。“小我”以自我身体的享受、虚荣心的满足为快乐，“大我”以所在集体的进步、自身境界的提升为快乐；“小我”关注的是自我的生存感觉，“大我”关注的是天道的正常运转；“小我”以骄傲、搞笑、欲望、恐惧、轻蔑、报复等为自豪,“大我”以感恩、赞美、勇气、追求、幽默、谦虚为满足。

这是从境界的角度区分“小我”与“大我”,如果把境界比作温度计的话,零度以下是“小我”的境界,零度以上是“大我”的境界(图3.23)。当然“小我”与“大我”还可以从格局上区分,《大学》中有一句话将这一过程表达得很清楚:

> 有这样一个大臣,虽然才能平平,但心地诚实宽大,能够容纳他人。别人有才干,就如同自己有一样;别人德才兼备,他诚心诚意喜欢,不只是口头上说说而已。能够留用这样的人,便能够保护子孙百姓。这对百姓是多么有利啊。如果别人有才能,就嫉妒厌恶;别人德才兼备,就阻拦他施展才干。不能留用这样的人,他不能保护我的子孙百姓,这种人也实在是危险啊。①

这一大臣内心的“我”,已经不是作为个体单位的自身——“小我”,而是与他人结合在一起的集合——“大我”。自身是“大我”的一部分,他人也是“大我”的一部分。他人的德才兼备,便是“大我”的一部分的优势,自己与他人融合为一体,“大我”的优点便有了互通,成就了“大我”,同理,自己的优秀也会成为他人的一部分。

孩子是家长生命的延续,是家庭(家长与孩子组成)“大我”的一部分。通俗点说,孩子就像自己的手足。如果自己的手足不小心受伤了,我们会埋怨“手”和“足”吗?当然不会。可孩子如果考试没有考好,我们作为家长就应该埋怨孩子吗?同时,家长自身的成长与进步也让“大我”有了提升,这种提升也当然会传递到孩子身上,家学育人的循环就完成了。不单单是家长会影响孩子,整个国家与民族的精神也可以成为孩子上进的动力。

---

① 原文:若有一介臣,断断兮无他技,其心休休焉,其如有容焉。人之有技,若己有之;人之彦圣,其心好之,不啻若自其口出。寔能容之,以能保我子孙黎民,尚亦有利哉!人之有技,媢疾以恶之;人之彦圣,而违之俾不通:寔不能容,以不能保我子孙黎民,亦曰殆哉!(《大学》)

一个名叫京京的孩子去位于加拿大蒙特利尔的麦吉尔大学读博士,到校不久和父亲有这样一次对话:

爸爸:“最近一段时间忙啥?”

京京:“准备项目开题答辩。”

爸爸:“如果答辩不能通过,咋办?”

京京:“那就得回国。”

爸爸:“回国最好!在附近找一个工作,还可以天天回家,多好!”

京京:“那不行!”

爸爸:“为什么?”

京京:“不能给中国人丢脸!”

结果,两个小时的博士研究项目开题答辩,二十分钟后,与会专家便没有问题了。上面的例子想要表达的是:将“小我”扩展到“大我”,不是背上了沉重的包袱,而是获取了更大的动力。一个孩子的成长,当然少不了智商、情商、环境、目标,但推动孩子持续前进的是动力,没有了动力,其他一切因素将无法发挥作用。

(三)逆境从容

从容是什么?刘禹锡二十三年置身巴山楚水,领悟了生命的永恒——“沉舟侧畔千帆过,病树前头万木春”,是从容。范仲淹面对好友滕子京的忧谗畏讥,用古仁人“不以物喜,不以己悲”的生活态度来与之共勉,是从容。东坡先生闲居黄州,洞察宇宙的真谛——“盖将自其变者而观之,则天地曾不能以一瞬;自其不变者而观之,则物与我皆无尽也”,是从容。

刘禹锡将老去的“小我”融入生机勃勃的后代,走向“大我”,自己虽属“沉舟”“病树”,但时代在发展、后代在成长,便没有遗憾,进而成就了“从容”人生。

范仲淹面对好友滕子京被贬后的委屈与埋怨,提出君子应该“不因为外物的好坏与自己的得失而或喜或悲”。超越了“得失”，走向“大我”，成就了“从容”人生。

苏轼被贬黄州，“贫”但绝不“穷”，发展了孔子的“达则兼济天下，穷则独善其身”理论——“穷”则参悟天地。从多角度看问题就不会把问题绝对化，从事物易变的一面来看，天地间万事万物时刻在变动；而从事物不变的一面来看，万物与我们来说都是永恒的。因此，他在身处逆境中也能保持豁达、超脱、乐观和随缘自适的精神状态，从“小我”走向天地宇宙之“大我”，成就了“从容”人生。

由此可见，从“小我”走向“大我”，便可从容，这不是自我安慰精神在作祟，而是对家庭、对民族、对国家、对人类、对世界未来的信心。世界当然会有阴影，只是因为有阳光的存在，我们只要转一个身，就可以面向光明，将阴影留在身后。我们不是否定阴影的存在，而是承认阴影，更向往光明。顺境的快乐多少有一点沾沾自喜的味道，而逆境中对未来、对世界充满信心则是达观，带着达观与信心去生活便可实现生命的从容自如。

（四）大直若屈与曲径直行

讨论了“小我”与“大我”、“从容”与“达观”之后，可以总结“大直若屈，曲径直行”的问题了。

关于“大直若屈”应明确以下三点：一是孩子的境界与格局是螺旋上升的，方向必须明确，但过程是曲折的，过程的反复是正常的，立竿见影大多是一种表面现象，有时甚至是一种假象；二是对于有多个子女的家庭来说，孩子整体的境界与格局是提高的，但个别孩子的情况是停滞或逆转也是正常的；三是就一个孩子来说，在更长的一个时段内整体的境界与格局是提高的，在一个小的时段内，发展情况也会是停滞或逆转的。

关于“曲径直行”，第一要明确“忠”是对自己的态度，也是对目标

的坚守,“恕”既是对他人的态度,也是对人境界提高、格局发展过程的反复性给予理解;第二要明确精神世界与物质世界是不能分割的,离开物质的需要去谈精神的纯粹是不现实的,也就是说离开俗世的功名利禄来空谈境界是很难实现的;第三要明确一个人的内在修为和我们从外观察到的言行的差异性,我们最好能少一点定性的评价,就事论事地描述会更好一些。

六、“横眉冷对”与“躲进小楼”

本节供读者吟诵的诗是鲁迅的《自嘲》。先介绍一下鲁迅的家族:鲁迅的祖父周福清是同治十年(1871)进士,翰林院庶吉士,曾任江西金溪县知事;父亲周伯宜,秀才出身,思想开明,是洋务运动的同情者;鲁迅的二弟周作人曾任北京大学东方文学系主任,新文化运动的杰出代表;三弟周建人曾任浙江省省长,著名的社会活动家。

如此看来,鲁迅的家族是一个地地道道的文化之家。读者可以带着对文化世家的崇敬心理,来吟诵这首诗。

自　嘲

鲁　迅

扫码跟随音频吟诵

运交华盖欲何求,未敢翻身已碰头。
破帽遮颜过闹市,漏船载酒泛中流。
横眉冷对千夫指,俯首甘为孺子牛。
躲进小楼成一统,管他冬夏与春秋。

交了倒霉运,还能有什么渴求呢?躺在床上连身都不敢翻,却还是碰了头。上街时也只能压低破旧的帽子,唯恐被人看见,以防横祸。就好像坐在装酒的漏船上,在江心打转,随时有沉没的危险。

面对敌人的指斥、谩骂,我偏偏横眉冷对,不屑一顾。但面对百姓和孩子,我宁愿做头老牛,托着他们走向美好的未来。躲进小楼,就成了自己的一统天下,爱写什么,谁管得了,外面的世态炎凉且由它去,雨雪风霜也由它去,自己依旧有自我对信念的坚守!

“运交华盖”是生活的不顺,是事业的挫折,更是环境对自己人生信念的冲击。“欲何求”也许是反问,是说自己不该有什么坚守;也许是设问,问自己在这种情况下是放弃自己的追求,还是选择坚守?但坚守又何其艰难!还没有任何行动,可能就已头破血流。这时心里在犹豫,是否可以选择躲避、选择远离,但是躲避与远离的结果只能是自我沉沦,还不如“横眉冷对”,选择面对,因为还有那么多的“孺子”需要照顾与引领。最后内心明朗——“躲进小楼”,保护好自己,不管风云如何变幻,明确自己的选择——忠于职守。

“横眉冷对”是直面困难,“俯首甘为”是对自己使命的“忠”,不管“冬夏春秋”是自我解脱。其实这也可以用来指导家学育人:育人的目标一定要坚持,育人的策略可以适当调整,当环境压力大的时候,也可以适当妥协,比如当中考、高考等现实问题摆在面前的时候要认真地去面对,不影响高境界与大格局的人生目标。

拓展阅读

子贡做好事,孔子为什么批评他

鲁国国君颁布一道命令:国人如果在国外看见本国的百姓不幸沦为了奴隶,可以将其赎回,费用由国家予以补偿。

孔子学生子贡在国外发现同胞沦为奴隶,将同胞赎回,但没有向国家要费用,人们都盛赞他的高尚品行。孔子得知后却批评了他。

子贡不解,孔子阐述理由:

假如其他人遇到同样的情况,如果听了国君的话,将同胞赎回并报销了费用，别人就会拿他与子贡做比较——结果使他显得品德不那么高尚，尽管他是听从君王的命令去报账的；如果他向子贡学习，赎回后也不去报销费用，他则无故损失了金钱。这种损失，一次可以接受，两次可能有怨言，多次就不愿意了。

由于有了子贡不报账在先，其他的人就会陷入“报账也不好，不报账也不好”的两难境地。这样，今后鲁国人在国外见到同胞沦为奴隶时，为了免却两难境地，可能会装作没有看见。于是越来越多的国人将不再赎回落难同胞，越来越多的落难同胞也不能获得救助。①

子贡的行为尽管是“无私的”，但不能使更多的人有所“得”，这个“得”等于“德”，就是不能让更多的人实践对“德”的追求，所以孔子批评了子贡。

“忠已恕人”不是简单地忠于“小我”的使命就完了，要把自身放在“大我”的角度考虑问题，孔子是要求子贡站在整个鲁国的角度上处理这件事。恕人也不是简单的理解包容他人的所作所为，而是要适当地控制好自己的行为，以不影响“大我”的进步为原则。

“曲径直向”不是简单地坚持育人方向与承认孩子成长过程的反复性，而是要自我坚守人生理想，同时在行为上坦诚表现自己的弱点，以照顾到孩子的成长过程中的不完美。比如和孩子讲自己也喜欢玩，也难免懒惰，正在想办法调整自己。

---

① 原文：鲁国之法，鲁人为人臣妾于诸侯、有能赎之者，取其金于府。子贡赎鲁人于诸侯，来而让不取其金。孔子曰：“赐失之矣。自今以往，鲁人不赎人矣。取其金则无损于行，不取其金则不复赎人矣。”子路拯溺者，其人拜之以牛，子路受之。孔子曰：“鲁人必拯溺者矣。”孔子见之以细，观化远也。（《吕氏春秋·先识览·察微篇》）

本节思维导图

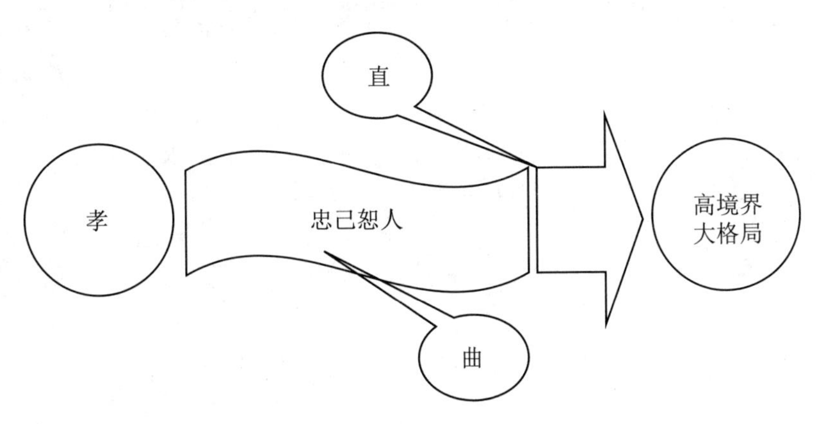

第四章　育人实践

第二章讨论的是家学建设的路线:从"孝"走向高境界与大格局;第三章讨论的是家学育人从"孝"走向高境界与大格局的策略:融情入理、文质彬彬、曲径直向。本章将要讨论的是在此基础上的育人实践的原则。育人实践包括家学建设实践与家学育人实践,具体分为三节:边"学"边"习","知行"合一;天"真"地"诚",自"自"然"然";上"教"下"育",往来"乾坤"。

第一节　学、习、知、行——边学边习，知行合一

本节讨论育人实践的原则——边“学”边“习”，“知行”合一。

“学”是感悟，“习”是实践。“学”是认识的过程，“习”是实践加训练的过程。“知”是下意识的反映，“行”是实践与调整。讨论“学”与“习”旨在强调育人重在“践行家学”，讨论“知”与“行”旨在强调育人实践是家长的自觉行为且是一个不断调整的过程。

一、复习、温习真的快乐吗？

《论语》的开篇第一句是：“学而时习之，不亦说乎。”有关这句话，笔者有一段小故事和读者分享：

上小学时，听到对这一句的解释是：“学习并时常复习，不是很快乐吗？”这个解释印象很深，所以到了自己做教师讲授这句经典的话时，想都不用想，便可以脱口而出，只是觉得时代在进步，对文言文的解释也应该更关注细节，所以就认真地给了学生一个“字字落实”的译文：学到了（知识或本领）以后按一定的时间去复习，不也是令人愉悦的吗？

讲完这句话的解释后，无意中发现坐在第二排的一个小男孩眉宇间闪过一丝疑惑的神情。当时也没太在意，可是过了几

天，这孩子找到我说："老师，我每天回到家里认真地复习，可是怎么没有快乐呢？"当时一愣，也只是胡乱地回答了一下。其实，连自己也不知道自己说了点啥。只是从那天开始，不时地思考这个问题——学习之后去复习，到底有没有快乐？如果有，快乐何来？如果没有，孔子为何如此表述？

笔者先是自我体验，就是自我学习，之后复习、温习，感受到的除了因为对知识掌握熟练之后的满足感之外，的确好像真的没有什么愉悦感。接着去翻历代学者对这句话的注解：

《说文解字》认为："习，数飞也。"朱熹认为"习"字是"学之不已"之意，就是"不断重复所学"的意思，后人翻译成"温习、复习"也许就来源于此。

杨伯峻先生认为"习"有"实习、演习"的意义，孔子所讲的功课，一般都和当时的社会生活和政治生活密切相关。像礼（包括各种仪节）、乐（音乐）、射（射箭）、御（驾车）这些，非练习、实习不可，所以认为这"习"字解为"实习"为好。

这时，再重新查阅朱熹的《四书章句集注》，原句是："习，鸟数飞也。学之不已，如鸟数飞也。"鸟为什么要"数飞"，从前面的"学之不已"可以看出，这个鸟是应该是"幼鸟"，幼鸟的"数飞"，绝不是简单地复习，应该是实践，在此基础上，才有了下面对"学"与"习"的解读。

至此，上面的故事该有个结尾了。"学而时习之"，不应该解释成"学了之后去复习、温习"，而应该理解为"学了之后去实践"，"实践"之后才可能获得快乐。可明白之后再想找这个孩子解释时，孩子已经毕业了。

二、学与习——启蒙与实践

扫码观看解读视频

"学"与"习",是每一个家长和孩子最熟悉的两个字,几乎天天与它打交道,须臾不可离也,并且还会伴随人的一生。但人们又有个特点,越亲近的人越不会在乎,越熟悉的词越不会去追问。其实这是一种损失,不妨来弥补一下以往的忽略,解读解读这两个字。

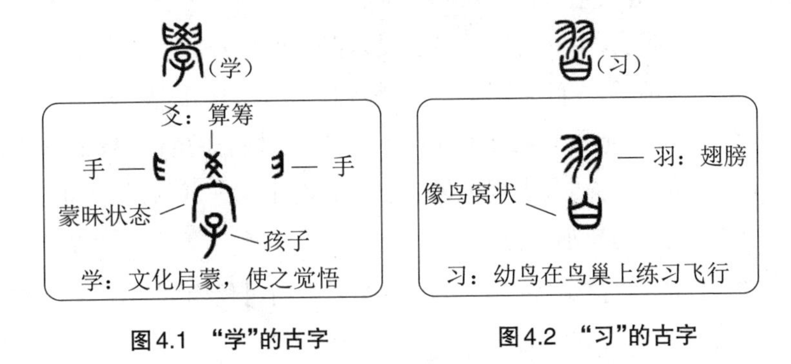

图4.1 "学"的古字　　图4.2 "习"的古字

(一)"学"——文化启蒙

学,小篆写作"𦥯"(图4.1),左上"ㄎ"是手的象形,以此类推,右上的"ㄋ"是另一只手的象形,两只手一左一右相对。先看"学"字的下半部分,"子"是"子"的象形,孩子小的时候,头占全身的比例较大。与孩子相对的是成年人,是有学问、有经验的人,是引领孩子了解世界的人。这个人是家长,也可以是老师。在研究家学育人这个话题中,这两个身份是合二而一的,俗语说"家长是孩子的第一任老师",就是这个道理。

既然上面的手是家长的手。那家长的手拿着什么?这是解读"学"这个字的关键所在。两手拿了一个"爻",这个"爻"不是一个图形，而是一个汉字，是“爻”字，读“yáo”，“爻”的本义是绳结。在结绳记事的时代，在一根绳索上分段打结，表示一定的含义。

后来，人们把“爻”作为组成卦的符号。一个长横(—)为阳爻，一根长横中间断开(——)为阴爻，每三爻合成八卦中的一卦：

三个阳爻组合在一起成为“☰”，就是八卦中的乾卦，代表“天”，刚健中正，广袤无垠，复杂精妙。

三个阴爻组合在一起成为“☷”，就是八卦中的坤卦，代表“地”，宽厚大度，忍辱负重，持之以恒。

上下是阴爻，中间是阳爻(☵)是八卦中的坎卦，代表“水”。

上下是阳爻，中间是阴爻(☲)是八卦中的离卦，代表“火”。

有了“天”“地”，才有了世界；有了“水”，才有了生命；有了“火”，才有了文明；用“爻”来表现世界、生命，就有了“文”，就有了文化。所以“爻”是文化的最小单位。

“冖”放到“孩子”的头上，代表孩子小的时候尚处于蒙昧状态，有好多困惑，等待家长去解惑、启蒙。

各个部件合在一起，“学”就是家长手里拿着文化的组成单位，给处于蒙昧状态中的孩子看，使孩子脱离蒙昧，获得智慧。可见，开启智慧的途径是“学文”，所以《论语》讲：“弟子入则孝，出则弟(悌)，谨而信，泛爱众，而亲仁，行有余力，则以学文。”之后形成家学文化，此过程为“家学建设”。再以“文”去化人，就是“育人实践”，合在一起就是“家学育人”。

(二)“习”——实践、训练

前面的故事已经讲了有关“学而时习之，不亦说乎”的故事。不过还是有很多人理所当然地将其解释成：“学了之后，时常复习，不也很快乐？”这时我们要做的是问问自己：复习几遍，自己快乐吗？

在我们分析“习”之后，这个问题就明确了。

“习”上面是“羽”(图4.2),是羽毛的象形,代表一只小鸟。下面是“白”,是鸟窝的象形。

一只小鸟刚刚出生,待在窝里,它的妈妈每天到外面捕食,然后飞回来喂它。我们以人心去度鸟心,想象一下,小鸟应该会有两个想法:一是觉得母亲每天为了自己的生活飞来飞去,太辛苦了,自己长大了,一定要好好报答母亲;二是看到母亲可以自由自在地在蓝天中飞翔,很羡慕,于是它每天盼着自己长大可以飞翔……

一天,它蹲在鸟窝里,望着母亲飞走的方向,轻轻扇动一下翅膀,觉得有了一些升力,再一扇动,好像可以飞行。这时,它看到对面的树枝上有一只虫子,它张开翅膀,用尽全身力气,一下子飞了过去,第一次凭借自己的飞翔吃到了食物……

请问,这时小鸟的心里高兴吗?当然高兴,但它是因复习而高兴吗?不是,是因实践而欣喜,有了第一次的实践成功,这只小鸟会不断练习,直到可以随心所欲,让飞翔成为下意识的动作。人们的“习”也是同样的道理。如学习汽车驾驶,刚开始开车有一些紧张又有一些兴奋,然后不断地实践训练,直到形成下意识的动作反应为止。

所以“习”的意思是“实践与训练”。学了之后,实践才高兴。“学”是感悟,“习”是实践。学是认识的过程,习是实践加训练的过程。

扫码观看解读视频

三、知与行——重在践行

（知）

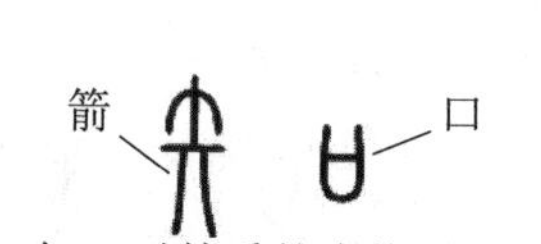

图4.3 “知”的古字

（行）

图4.4 “行”的古字

《论语·子路》讲过孔子与子路的一段对话，大意是子路问孔子治理国家先做什么，孔子说先“正名”，子路质疑孔子，孔子说了下面一段话：

> 名不正，则言不顺；言不顺，则事不成；事不成，则礼乐不兴；礼乐不兴，则刑罚不中；刑罚不中，则民无所措手足。

这里的“正名”原意是赋予管理者权力，确定其岗位职责。对于一个职位是这样，对于一个概念同样是这样，本书在论述家学建设与家学育人的有关概念中，之所以一而再、再而三地解读汉字，就是要明确这些基本概念的内涵与外延，之后才能有的放矢地完成育人这件事，而不至于只是听了一些似是而非的概念后盲目行动导致手足无措。

知行合一是由明朝思想家王守仁（号阳明）提出来的，阳明先生不但是一位思想家，同时还是文学家、军事家与教育家，更重要的是先生是“知行合一”的践行者，先生自己以及后代研究者对“知行合一”中的“知”与“行”有很多的论述，本书还是先从解读汉字入手，寻根溯源。

（一）“知”——下意识的反应

据说，苏轼在江北瓜洲任职时，和一江之隔的金山寺住持佛印禅师经常在一起谈佛论禅，有一天，苏轼认为自己修持颇有心得，即撰偈[①]诗一首：“稽首天中天，毫光照大千。八风吹不动，端坐紫金莲。”

他自感得意，认为这是一首颇具修持工夫的创作，如果让佛印禅师看到，一定会大加称赞，就赶紧派书童过江送给佛印禅师欣赏。谁知佛印看后，一笑，略一沉吟，只批了两个字，便交给书童原封带回。苏东坡打开信封一看，只见上面写着“放屁”两个大字。苏东坡气得随即备船过江，亲自到金山寺去找佛印禅师兴师问罪。直奔金山寺，却见禅堂紧闭，门上贴着一张纸条，写的是：“八风吹不动，一屁打过江。”苏东坡到此才恍然大悟，惭愧不已！

这个故事的真实性暂且不去考证，只是可以明确苏轼“八风吹不动，端坐紫金莲”的感受应不属真知，因为当他看到佛印批的两个字后，马上跳起来，这情急之下的反应才是真知，这一个解读可以从“知”字的分析中得出。

知，篆文写作“知”（图4.3），由“矢”（矢）和“口”（口）组成，“矢”表示箭，借代行猎、作战，和“口”字组合起来表示谈论打猎、行军的经验。从意义上来说，“行猎与作战”绝不是自我感觉会了就可以的，而是经过无数次的实战达到信手拈来的程度时，所谈论的经验才是可以借鉴的。段玉裁的解释是：“识敏，故出于口疾如矢也。”意思是认识、知道的事物，像射出的箭一样可以脱口而出。

上面的解释大致可以理解为心理学上的“条件反射”：

指在一定条件下，外界刺激与有机体反应之间建立起来的暂时神经联系。

---

① 偈：音 jì，佛经中的唱词，偈陀之省。如偈颂，即佛经中的唱颂词。

就打猎来说，通过多次的打猎实践之后，当再有猎物出现时，猎人下意识出手便可以射中猎物，这时猎人表现出来的一系列反应就是“条件反射”，这位猎人表述他打猎的经验就是“知”。

（二）“行”——践行与调整

行，甲骨文写作“[illegible]”（图4.4），表示四通八达的十字路口。金文承续甲骨文字形，写作“[illegible]”。篆文写作“[illegible]”，将十字路口形状的金文“[illegible]”写成正反两个双人旁“[illegible]”“[illegible]”，后来演化成“彳”“亍”两个字。“彳”读“chì”，意思是小步慢走的样子。“亍”读“chù”，意思是“停住脚步”。

《说文解字》的解释为：“行，人之步也，趋也。”其注为：“步，行也；趋，走也。二者一徐一疾，皆谓之行，统言之也。”用大白话说就是“走走停停”的意思。

余秋雨在《中国文化必修课》中说过下面一段话：

> 老子淡淡地走在路上，白发，黄衣服，布口袋，骑着他的青牛，消失在函谷关外，留下了五千字的《道德经》，折射着一个智者的光辉。孔子则是苦苦地走在路上，已经不年轻的他，驾着他的马车，在外面走了整整十四年！从五十五岁一直走到六十八岁，想要在那个杀红了眼的年代推行他的仁爱思想。

这一段话也许可以诠释“行”的含义，就是“在路上”，就是“走走停停”，“路”是计划与方向，“走”是践行计划，坚持方向，“停”是根据情况的变化调整计划与方向。所以“行”可以理解为实践与调整。

王守仁极力反对“知行分离”与“知而不行”，他认为知行是一回事，二者互为表里，不可分离，知必然要表现为行，不行不能算真知。这就是“知行合一”。

从上面解读之中也可以了解这一点：“知”是下意识的反映，是多次践行后的体验与认知；“行”是在路上，是践行调整自己的认知。无论是“知”，还是“行”，践行最重要。一个猎人见到猎物知道去射杀，但他不会射或射杀不到，不能说是“真知”。当然，践行要以“良知”为指导，古人打猎时不射杀母兽和幼兽，便是“良知”。

四、“为”是硬道理

“家学”是可以传承的家庭文化的总和，“家学育人”是“家长在传承、发扬家庭文化中自我成长，并以家庭文化引导、影响孩子，促进其人格和谐，成人、成才”。家学的形成与发展是一代代家庭成员努力学习与实践的结晶，这种文化不是单单写在纸面上或挂在墙上的，而是实实在在地表现于每个家庭成员的言行之中，是活生生的文化。可见，**育人实践，“为”是硬道理**。

（一）育人智慧从实践中产生

一位员工需要事先培训，考核合格后才可以进入工作岗位；一名学生需要完成课业，再经过选拔才可以进入高一级的学校。但一个家长前一刻还只是长辈眼中的孩子，而在孩子降临之刻起就成了孩子眼中的家长，是没有经过学习与训练、没有经过考核的。第一期家长课程班的一位家长在文章中有这样一段话：

> 头枕在掌心，整个身体平躺在手臂上，腿是舒服的、蜷曲着的，仰面向天，宁静香甜。刚出生时51厘米的儿子就这样安静地熟睡在我的手臂上，我用右手小臂托着他，看着他睡，感觉很神奇，充满着希望，一个新的开始。
>
> 儿子的出生是一个全新的开始，我原以为那是一个新生命的开始，现在看来，是我和儿子两个共同的开始，我开始学着做爸爸，因为我已经是个爸爸了，但是我不知道要学些什么，最多只算妈妈的副手……（曹耀天同学的家长）

这段话完全可以看出一位刚上任的父亲的新鲜感。一位员工面

对的机器设备在岗前培训与实际上岗之后是没有什么大区别的,面对机器的心态也没有什么区别,但一个家长想象自己做一个家长和真正开始做一个家长的感受是有巨大区别的,只有真正面对自己孩子的时候,真实的实践才能产生真正的育人智慧。

家长在成为父母之前,虽然没有真正的育人实践,还是有一些心理和技术上的准备的,但孩子来到人世前是绝对没有任何准备的,更没有任何经验。同时,孩子也没有办法先阅读家训与家规的文本,看到、听到、感觉到的只有父母的音容笑貌,"学"与"习"的过程由此展开,作为新的家庭成员的成长实践也由此展开。

可见,不管从家长还是从孩子的角度上来说,育人的智慧只能从实践中产生。

(二) 实践原则是遵循天道

家长与孩子都是家学育人的新手,育人的实践是否有原则可遵循?当然有,前几节讨论过建设家学的理念——明确家学育人的共性与个性,坚守文化经典,因材育人;讨论过家学育人的起点——孝;讨论过家学育人的方向——高境界与大格局。这些都是应遵循的原则。至于家学育人实践的过程,其实就是"学"与"习"交互进行的过程。

学的对象必须明确。首先,是向"天"去学,学习"天"的"真"。"真"就是明确育人的终极目标,绝不是停留在自然境界的吃、穿、住、行上,也不是停留在功利境界的功、名、利、禄上,更不是仅仅停留在道德境界的仁、义、礼、智上,而是要关注整个世界,按照冯友兰先生《人生境界》中的描述就是:

> 一个人可能了解到超乎社会整体之上,还有一个更大的整体,即宇宙。他不仅是社会的一员,同时还是宇宙的一员。他是社会组织的公民,还是孟子所说的"天民"。有这种觉解,他就为

宇宙的利益而做各种事。他了解他所做的事的意义,自觉做他所做的事。这种觉解为他构成了最高的人生境界,就是我所说的天地境界。

这种境界说起来似乎离我们很遥远,但其实就在我们身边:吃饭的目的就是为了不饿,不一定要到大饭店再拍照发朋友圈;学数学就是为了享受数学的美,而非为了通过数学进入某某学校,当然也不反对进入,进入也是因为喜欢数学。傅雷先生给傅聪的家书(1959年10月1日)中写道:

适量的音乐会能刺激你的艺术,提升你的水平;过多的音乐会只能麻痹你的感觉,使得你的表演缺少生气和新鲜感,从而损害你的艺术。你既然把艺术看得比生命还重,就该忠于艺术,尽一切可能为保持艺术的完整而奋斗……千万别做经理人的摇钱树!

其实,这就是天地境界,学艺术是要享受艺术本身的美好,而非追求艺术上附加的东西。

其次,是向"地"去学,学习"地"的"善",大地因为宽厚,才承载万物。曾经听到一个家长对孩子说:"我花了这么多精力培养你,你就考这点分数……"细想一下,这种想法似乎不能算爱,应该算是交换,因为爱是没理由的。

最后,是向"圣人"学,学习"圣人"的"美",这"美"就是和谐,是"恰到好处",上文中傅雷先生并不是绝对反对傅聪在音乐会上演奏,而是强调要适量,这就是孔子"中庸"思想的体现。

有了学习的对象之后,最重要的是"习",有关"习",一定要好好理解一下《论语·学而》的第一则:

学而时习之,不亦说乎?有朋自远方来,不亦乐乎?人不知而不愠,不亦君子乎?

孔子穷其一生的努力就是要实现自己的政治主张——仁政,能够践行就会感到莫大的愉悦,可惜孔子没有机会实现,所以这个愉悦

没有体会。孔子退而求其次，讲“有朋自远方来，不亦乐乎”。“同师”为“朋”，孔子期待有同学来一起探讨学问，从而迸发出思想的火花。可惜孔子还是没有这样的幸运，因为没有和他同道的同学。孔子最后讲：“人不知而不愠，不亦君子乎？”就是坚持自己的理想，不忘初心，尽管社会不认可，他也可以拥有乐观与旷达的心态。

这就是“习”的心理与情感要求，就要推“人道”以及“天道”，不让小我的好恶左右自己，不让他人的好恶左右自己，让自己的身心与天道和谐，也不仅是理性地坚守正道，更是情感上不扭曲。

总之，育人的实践说复杂非常复杂，说简单也简单，就是家长教育好自己，不为功利所动，不为分数所左右，不为他人的评价所左右，坚持初心，心里坚持这样的想法，情感上认可，言行不走样、不投机、不取巧，堂堂正正、踏踏实实，便可以了。只是在一个浮躁的环境中，要坚持这些难度可想而知，但必须坚持，因为只有这样，这个家庭才令人尊重！这个民族才令人尊重！

五、育人具体实践

前面讨论过，家学育人就是“以文去化人”。何为“化”？其实可以从下面四个字讲起。

“”（比）、“”（从）、“”（北）、“”（化）。

其实，这四个字基本上可以诠释一个孩子从幼儿到成年的成长过程。第一个阶段是幼儿阶段，“比”——不谙世事，一切言行都比照家长而动；第二个阶段是儿童阶段，“从”——对家长听从、顺从、跟从；第三个阶段是从少年到青春期，“北”——身体渐渐成熟、自我意识渐渐形成，开始产生逆反心理，常常是想法、言行与家长相悖；第四个阶段是成年期，“化”——思想成熟，自己也做了家长，从被家庭文化影响到自己成为家庭文化的一部分，与长辈、家人融为一体。

从一个孩子出生到成年的这一段时间，育人的主要践行者是家长，当孩子也成为父母，三代同堂时，主要践行者的责任渐渐转移到年轻父母身上。主要践行者的践行任务如下。

（一）整理、践行家庭显性文化

前面讨论过家学文化包括显性文化与隐性文化，家庭显性文化包括家训、家规、家风、家约等内容，前辈总结好并以文本、匾额、口述等形式传承下来。家训是指长辈对子孙立身处世的教诲，家规是每个家庭成员的行为规范，家风是一个家族的传统风尚，家约是用以约束家人的规矩。这些文字不是前辈拍脑袋想出来的，而是家族成员修己安人后的认识与行为的总结。对于这些显性家庭文化，家学育人的主要践行者应该做的工作是整理与践行。

内容上可以修改并扩大原有的显性家庭文化的时代局限性部分。一位家长曾经问过一个问题：

> 现在的孩子为什么没有学习动力？小时候，父亲的一句“学习可以改变命运”一直激励着我学习，现在我用这句话来激励孩子，为什么就不起作用呢？

其实原因不难找到，这位家长的确是通过学习改变了命运——从乡村来到了上海，无论生活现状，还是工作成就都有了非常大的改观。可是他的孩子一出生就生活在改观后的环境中，这样的环境是孩子满意的一个状态，他不需要学习就可以享用这样的一切，换句话说就是“他不需要改变命运”，也就没有必要为这个目的而学习了。

后来家长将这句话改为“学习可以满足好奇心”，这就从功利境界进入天地境界，因为好奇是人的天性。但如果改成“学习是学生的天职”，也许会更加有激励作用，只是这句话没有家庭的个性，适用于所有的家庭。

家学文化践行相对于家学文化整理要困难得多,思想上的认可是一回事,时时刻刻可以做到是另一回事,因为人们习惯原谅与放纵自己。一般来讲,人们主动践行比被动践行要难,如一个孩子身边没有零食,让他坚持到吃饭没有问题,可是如果身边有零食不吃却很难。

吃、喝、玩、乐是人的自然本性,家学文化的践行就是要建立一套机制来战胜这些本性。机制可分为激励、制约与保障三种,对于家庭成员能够践行家学文化的给予精神上的鼓励,使之有高尚的愉悦感;对于比较难以践行的内容,要在环境与条件上加以制约;最重要的是保障,如可以用琴、棋、书、画的学习来抵制吃、喝、玩、乐的诱惑,因为一块土地长了庄稼就不容易长草,前者相当于庄稼,后者相当于草。

王阳明提出:“知者行之始,行者知之成。”家学文化的认可与践行是不能分作两件事的。一杯茶,只有真正品过了,才能感受到它的芳香,听到和看到都不能达到如此效果;反之,一个人没有做坏事,不是因为不敢做,而是不想做,心理才不扭曲,才是幸福的,这个境界是育人实践的目标。

(二) 外化、规范家庭隐性文化

家庭的隐性文化是还没有用语言、文字明确表现出来的家庭文化部分,包括家庭成员的文化修养、生活习惯,家庭成员之间、家庭成员对外的人际关系,家庭学习、生活氛围,家庭环境布置等。当然这些方面也有一部分内容已经表述在家庭显性文化之中。

外化就是家庭文化的表现形式逐渐显现。如可以将已经整理好的家训、家规、家风、家约等文字资料用匾额、楹联、中堂、条幅等形式展现出来,让家庭成员时刻以之勉励自己;可以将家庭成员经常挂在嘴边的、共同认可的价值观整理成文字,使之可以被长久传承;可以将长辈的人生经历和人生感悟总结提炼充实,以丰富家训、家规、家风、家约等家学文化；可以将已故的祖辈的故事整理成文字资料，给健在的长辈以及自己录一些视频和音频资料，以待后人继续提炼整理。

因为家庭隐性文化没有用文字表示出来，也就很难被固化下来，所以在家庭成员身上经常表现为生活的随意性，这时可以根据已有的家庭显性文化的具体要求来规范隐性的家庭生活行为。显性文化中的家训、家规、家风、家约等内容一般总有一要言为纲。

如明代大儒、东林八君子之一的高攀龙的《高子遗书·家训》第一句就是：

> 吾人生于天地之间，只思量做得一个人，是第一义，余事都没要紧。

再如清代教育家李毓秀所作《弟子规》就是以《论语·学而》中“弟子入则孝，出则弟（悌），谨而信，泛爱众，而亲仁，行有余力，则以学文”句化为总序：

> 弟子规，圣人训。首孝悌，次谨信。泛爱众，而亲仁。有余力，则学文。

要言是指导和统领家训、家规、家风、家约等家庭显性文化的纲领，当然也是指导家庭隐性文化的思想。高攀龙一生以“做得天地之间一人”为准则，刚直不阿、潜心学问；李毓秀以“修己、育人”为己任，终生致力于教书实践，他们都是模范践行家庭文化的表率。

家庭成员特别是家长的为人处世都要以这一要义为指导，时刻调整自己的行为不能偏离于此。第二期家长课程班学员蒋佳宜同学的家长蒋健曾写道：

> 父母给我最根本的教导是一个“孝”字。这也成为日后我行事的基本准则。“孝”就是不让父母伤心，父母又是这个世界上最希望孩子行善事结正果的人。从而，要让父母不伤心，就要时刻鞭策自己积极向上，做正确的事情。
>
> 记得小学毕业没有考入重点初中，父亲非常严肃地把我叫

到面前，盯着我看了好久，只说了一句："爸爸心里很难过。"我也不知道为什么，心里突然被电击一样，眼泪一下子忍不住流了下来。意识到违背家规的难受比挨揍痛苦一万倍……

"孝"既是一个具象的行为准则，又是一个抽象的基本价值观。而父母对我的要求，重要的也就是"孝"。除此之外，皆是留白。但留白之处，却又被"孝"的外延——"善"所填满。

这就是显性文化要义在隐性文化方向上的延伸，同时也规范着家庭隐性文化影响下的生活行为。规范的过程是把无意识的影响变成有意识的规范，之后把有意识的规范变成自觉的行为。如当面对孩子成绩的提升与做人的准则发生冲突时，不要让世俗的观念左右自己，要坚守做人底线与原则，之后久而久之形成习惯，进而形成家学文化。

（三）传承、丰富家学

"传承"一词，其实是由两个词组成，一个是"传"，一个是"承"。"传"是传递，是将自己手中的东西传递给他人，"承"是接受，是接受他人的东西。就家学的传承来说，每一代家长的职责是接受先辈的文化积淀，之后通过自己的丰富与整理将其传给下一代，在传承的过程中，"丰富"是非常关键的一步。

现在的家庭在家学建设方面基本上可以分为三种情况：

一是有明确的家庭显性文化，特别是一些大的家族有严格的家庭文化传承制度的，如无锡的一个吕姓家族，这个家族的男孩子到十八岁就可以到族长处领取一套家谱。

二是没有明确的家训、家规、家风、家约、家谱等家庭显性文化，但有隐性的家庭文化，家庭成员对自我家族有较明确的归属感与认同感，谈起自己的祖先会有敬畏，这样的家庭现今有相当大的比例。

三是没有任何家庭文化，家长工作上听单位的安排，孩子学习听学校的要求，平时的生活主要跟从现实社会的风气，这样的家庭现今社会不难遇到。

但不管是哪种家庭，作为家长，在家庭文化建设上的责任义不容辞。经济的发展应当以文化的重塑为保证，当今传统文化重新受到重视，随之而来的当然是对家学文化建设的重视。中华民族的伟大复兴也需要“家学文化”的有力支撑，同时，优秀的“家学文化”可以造就更多的有个性的优秀人才。

丰富家学，第一步是自省。具体方法是以传统文化为依托，跳出眼前的利害得失，面对抉择，往前想一百年，看是否对得起祖先，同时往后想一百年，看是否能成为子孙后代的榜样。如果眼光再长远一点，可以向前后各看三百年。孔子思考问题是向前一直追溯到古代圣王，向后想到千秋万代，所以人们称他老人家为万世师表。

第二步是描绘。描绘一个理想的家学文化目标，明确实现目标的线路图，再一步步细化，具体践行。

第三步最重要，就是自我修养。具体做法是将行为与已经自省的自我思想分开，让自己行为时刻处在自我思想的监督中，类似自己时刻处在直播中，其实这就是自律。如此一来，家学文化就会不断丰富，在这样的家庭文化中，孩子的健康成长便是自然而然的事了。

六、绝知此事要躬行

本节只要记住两句诗就够了——“纸上得来终觉浅，绝知此事要躬行”。

冬夜读书示子聿

宋　陆游

古人学问无遗力，少壮工夫老始成。

纸上得来终觉浅，绝知此事要躬行。

扫码跟随音频吟诵

陆游一生至少写有上万首诗。《剑南诗稿》总计存诗9344首，《冬夜读书示子聿》正是他一辈子读书生涯的真实写照；他上过前线，做过官，顺境经过，逆境受过……用一生的身心修养与家学文化的实践留下爱国诗人的美名，可见，身体力行是成就自我修养的不二法门。

古人学问无遗力，少壮工夫老始成。

做学问不遗余力，当然是要身体力行，且不辞辛劳。人来到世上是来实践的，不是来享受安逸的，有一个词叫作“活动”——活动活动，活着就要动。

实践不是一天一时、一年一季，是一辈子的事情，实践讲求“功夫”，儒家《大学》讲的功夫有：格物——格除物欲，致知——致良知，诚意——慎独，正心——不自欺。之后便是修身、齐家、治国、平天下。

纸上得来终觉浅，绝知此事要躬行。

“纸上谈兵”的问题除了没有将知识转化为能力外，更重要的一点就是语言的局限性，人身体的感受是无法通过文字完整表现出来的，正所谓“道可道，非常道”。育人最重要的是身心的切实体验，试想，一个从未感动过的人，如何能写出感动他人的文章？

陆游不但是一位伟大的爱国诗人，在家庭教育中也有自己独立的思考，看看他的家训便知。

> 后生才锐者，最易坏。若有之，父兄当以为忧，不可以为喜也。切须常加简束，令熟读经学，训以宽厚恭谨，勿令与浮薄者游处。自此十许年，志趣自成。……

这段话主要讲了三点：第一点是认识，对于天资好的孩子，作为家长的更要加强教育与规范，因为这样的孩子学好快，学坏也快；第二点是教育方法，学习经典，磨炼心性，慎重交友；第三点也是最重要的一点，就是坚持、坚持、再坚持，其结果是“志趣自成”。

拓展阅读

王阳明与学生徐爱谈知行合一

徐爱：每个人都知道应当孝敬父母，尊敬兄长，但没有做到。如此看来，知和行分明是两件事吗？

阳明：这时的知行已经不是其本意了。知而不行，是未知。圣贤教人知行之理，正是要明确其本意。《大学》说："如好好色，如恶恶臭。"

看见美色属于知，喜好美色属于行。当人看见美色时，已经喜好了，不是看见之后才有一个想法去喜好。闻到臭味属于知，厌恶它属于行。当人闻到那味道的时候，已经厌恶了，不是闻到之后再产生一个念头去厌恶。一个人知孝顺父母、尊敬兄长，必然是在行为上做到了，才算知。难不成只是知道说一些好听的话，就可以称他知道了吗？又好比知痛，必然是已经感觉到痛了；知寒，必然是已经感觉到寒冷了；知饥，必然是感觉到饥饿了。知行不能分开便是知行的本体，是不曾被私意阻隔的本体。

徐爱：古人分开说知行两个概念，也是要人能明白知和行的本意，一方面做知的功夫，一方面做行的功夫，然后用功就有了入手处。

阳明：这样说就失去了古人的宗旨。我曾经说知是行的主意，行是知的功夫。知是行之始，行是知之成。如果能领会的话，只说一个知，已经有行动了；只说一个行，已经有知在了。那古人为什么要分开说呢？是不得已，是为了纠偏而为。

世间有一种人，只管懵懵懂懂地任意去做，全然不去思考，就像在黑夜没有方向没有目的地乱走，所以要对这样的人说一个知，他们才能真行。还有一种人，茫茫荡荡凭空去思索，全然不肯扎实躬行，就成了空想，所以要对这样的人说一个行，他们才能真知。

现在的人却把知和行分成了两件事去做，以为必须要先知了，然后才能行。我现今说知行合一，正是对症的药，这不是我凭空杜撰，知行本体原本就是如此。如果能明白知行的宗旨，就是说知行是分立的也没关系，知行还是一个。如果不能明白宗旨，哪怕嘴上说一个，又有什么用？只不过是嘴上功夫而已。

本节思维导图

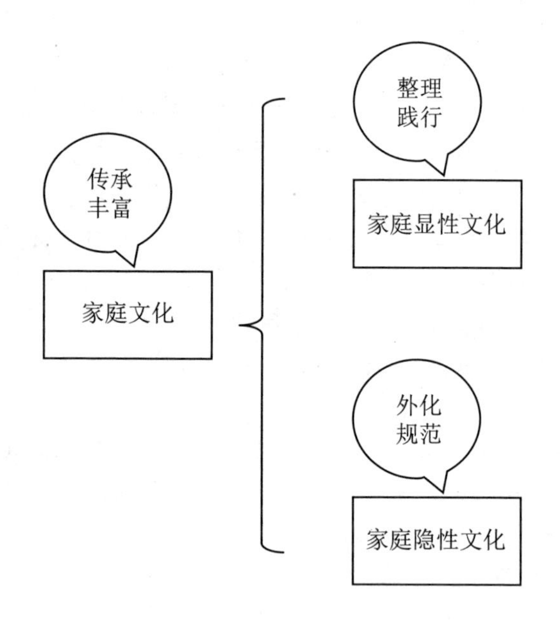

第二节 真、诚、自、然——天真地诚，自自然然

育人的具体实践，即要先行动起来，就像唐僧取经一样，知道西天有真经，就先上路，“为”是硬道理，之后一定会遇到同路人，在不断坚守自己的同时也壮大了行动的队伍。前提是“真”去取经，不是应付，并且百折不挠，最后一定可以取到“真”经，育人实践是同样的道理。

“真”是抛开浮华，直追本心，“诚”是慎独、慎始，践行诺言。“自”是从自我修养开始，“然”是理应如此。讨论“真”与“诚”是为了强调在家学育人过程中要真诚践行，讨论“自”与“然”是为了强调在孩子成长过程中要尊重个性、顺其自然。

一、孔子是“笨”学生吗?

《史记·孔子世家》记载了孔子学习抚琴的一段故事：

孔子向一位名叫师襄子的卫国琴师学习抚琴，一首曲子学了十天还在弹，师襄子说：“可以往下学习新的曲子了。”孔子说：“曲子虽然已经能弹下来，但还没能掌握演奏的技巧。”

过了一段时间，师襄子又说：“我看你已经熟习了演奏的技巧，可以学习新曲了。”孔子说：“可是我还没领会曲子的志趣。”

再过了一段时间，师襄子说："我觉得你志趣已得，现在可以学习新的曲子了。"孔子说："可我还没能进入他的心智境界，得其为人呀！"

又过了一段时间，孔子神情俨然，仿佛进入新的境界，时而庄重穆然，若有所思，时而怡然高望，意志深远。说道："我感受到了，那人默然黝黑，颀然高大，目光深邃，心系苍生，王者气度，胸怀天下，除了文王，还能是谁呢？"

师襄子听到后，赶紧起身再拜，说："我的老师也认为这是周文王所做的琴曲《文王操》啊。"

通过这个故事，我们可以说孔子的学习不流于表面，一首曲子不但要会弹，熟习技法，还要领会曲子的志趣，更要感受作者的为人；也可以说孔子学习精专，师襄子几次要求学习新的曲子，他都不为所动；还可以说孔子学习有韧劲，不达目的决不罢休。

其实，可以用一个词来概括孔子的学琴过程，那就是"真"，不为熟练所动，不为别人的评价所动，不为浅层的收获所动，一定要学习内容之本，本乃真也，所以有词曰"本真"。

求真的过程必须以"诚"相待，之后才可以顺其自然地去探究，最终可以自自然然地达到天地、自然的境界。

二、真与诚——固本与守诺

扫码观看解读视频

网络上对"真诚"一词的解释是"真心实意、坦诚相待以从心底感动他人而最终获得他人的信任"。这一解释的着眼点是如何对待他人，以获得信任，当然也可以推广到如何对待社会与世界，但这一解释可能忽略了一个坦诚相待的重要对象——自己。何以见得？还是从解字开始。

（真）

祭天的巫师或祭天的器物

祭祀的礼器（鼎）

真：用祭器祭祀、占卜

图4.5 “真”的古字

（诚）

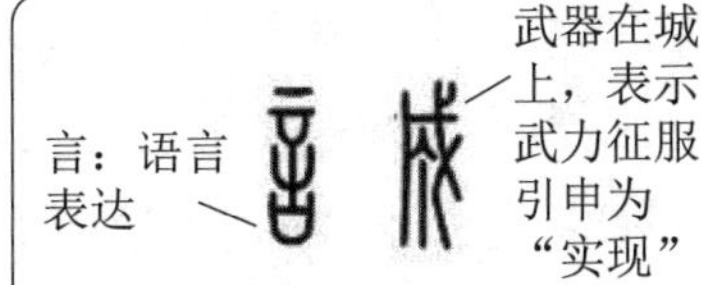

诚：实现诺言

图4.6 “诚”的古字

（一）“真”——直追本心

《黄帝内经·素问·上古天真论篇第一》有如下记载：

> 黄帝曰：余闻上古有真人者，提挈[①]天地，把握阴阳，呼吸精气，独立守神。

是说黄帝曾听说上古的时候有一种人被称作是真人——他们完全掌握了天地的运化之道和阴阳变化的规律，能够呼吸精华之气，不为世间俗世动心。

这样的人是否真实存在这里先不做讨论，只是要明确一点——这样的人之所以被称为真人，最重要的是“提挈天地”。“提”是用手拎起物体的顶部，“挈”是用手托住东西的底部，提挈天地的意思是真人一手提着天，一手托着地。这当然是夸张，但用现在的语言表述就明白了——完全掌握了天地自然的规律，并依照天地规律生活。《黄帝内经》的开篇标题就是“上古天真论”，将“真”字和“天”字连在一起，就是非“人为”。一个“亻”旁加一个“为”字，就是“伪”，可见避免人为、保持天然，对于“真”之重要，这一点在汉字的起源中也可以得到验证。

真，小篆写作“”（图4.5），金文写作“”，上面是“”（人），代表

① 挈：音qiè，举起。

帮助天子祭天的巫师或者代表祭天用的神杖，下面是“”（鼎），代表祭祀的礼器，合在一起是说用神鼎祭祀贞卜。所谓贞卜，就是巫医占卜，占卜用现代词语来说就是追问天意，探究宇宙的规律。古时候的巫医，是占卜师与医生的总称，就是追问天道的同时，治疗人们身体和心理的不适，这样的人称为“真人”，也称作“贞人”。

真，《说文解字》的解释是“仙人变形而登天也”，可以理解为“得意忘形”，是对本心的追求，是抛开物质，对精神层面的追求。所谓仙人可理解为心灵境界达到某一种超脱的状态，过无忧无虑的生活的人。

抛开浮华，直追本心，说上去好像很简单，真正做起来并不容易。人是社会性的，一定要受到社会的制约，比如你不愿意做的工作、不愿意学的学科，为了生存、为了学业就必须得做、必须得学。只是我们可以保留内心深处的一小块绿洲，安放自己纯粹的思想，这就叫作不忘初心——不能完全抛开世俗，但可以保持内心的坚守。

（二）“诚”——践行诺言

《中庸》第二十章对“诚”有如下论述：

> 诚者，天之道也；诚之者，人之道也。诚者，不勉而中，不思而得，从容中道，圣人也。诚之者，择善而固执之者也。

句中的“诚”，是上天的运行规律，比如天体的运行，当然是真诚的，不会应付与妄语。“诚之者”，是指人们追求“诚”，这是做人的准则。接着把人分成两等，第一等是生下来就能做到“诚”的人，他不用勉强和思考、自然而然践行上天的规律，这样的人是圣人；第二等是通过努力可以做到“诚”，明确美好的目标并且执著追求。这些我们芸芸众生很少有做到的，所以要以“诚”为目标，努力而执著地去追求美好的目标。如何追求呢？“诚”字的起源可以给我们一些启示。

先看“成”，甲骨文写作“”，外面是“”（戌），代表大刀等战斗武器，里面是“”（口）代表城邑，戌在城上，表示武力征服，引申为“实现、达成”。而“诚”，小篆写作“”（图4.6），金文写作“”，由“成”加“”（言）组合而成，表示实现诺言。

诚，组成最常见的词就是“诚信”。诚信，绝不仅仅是对别人的诚信，更重要的是对自己的诚信，诚就是对自己未来的承诺，为实现自己诺言而去努力完成。这一点的难度要比前者大得多，需要高度的“慎独”的修炼。

一个孩子在公共场合坚持学习比较容易，而在独处时也能一样做到不走神，则需要有很高的“慎独”修养。慎独，就是《大学》所讲的“诚其意”，在各种诱惑面前，靠“心”把持住自己——不为自由随意之心所动。慎独，最重要是慎始，不该做的，绝不尝试，绝对不可以有“就做一次”的想法，因为大多数情况下是一发而不可收的。如此一直坚守，方可慎终。

三、自与然——本真与天然

扫码观看解读视频

“自然”是一个内涵非常丰富的词语。广义指自然界，大到宇宙，小至基本粒子，也指自然现象，包括生命；狭义的自然指非人为而形成的一切。但这些仍不足以诠释其含义，具体如何，还是从解字开始。

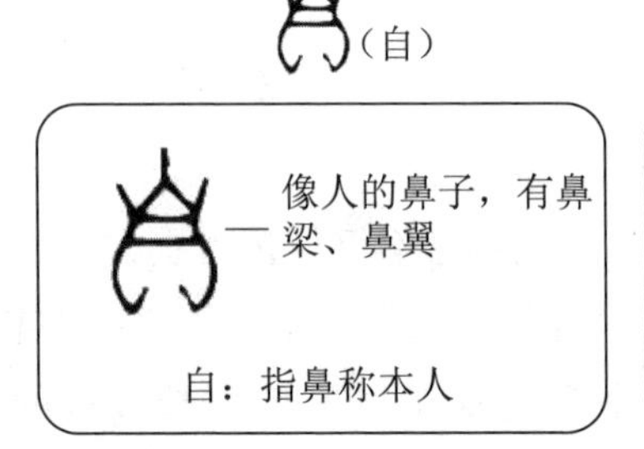

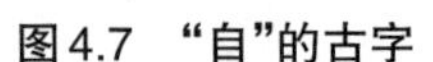
图4.7 “自”的古字

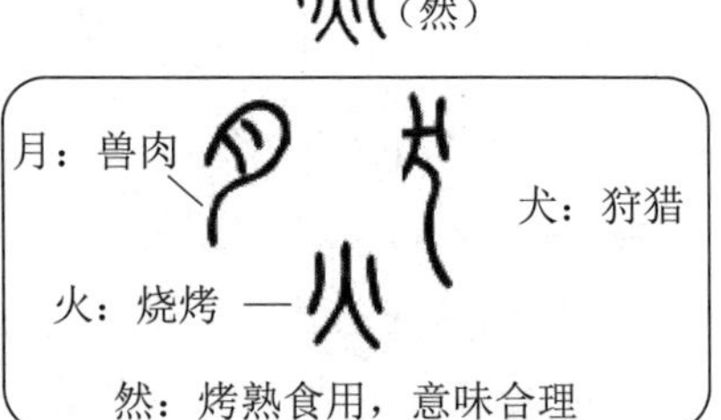

图4.8 “然”的古字

(一)“自”——本身

自,甲骨文写作“”,像人的鼻子,有鼻梁、鼻翼。有的甲骨文写作“”,突出鼻骨与鼻弯。金文写作“”(图4.7),突出了两侧鼻翼。有的金文将两侧鼻翼“”连写成封闭的“”,至此“”的字形产生。那么鼻子与自己有什么关系?

在向他人表达“我”的时候,人们习惯于手指着自己的脸部(即头部正面)中央最突出的位置——鼻子;在正常情况下,人们能看到自己面部的唯一一个部位就是鼻尖,所以人们在表示自己的时候,就往往指鼻子了,“自”(鼻子)渐渐有了第一人称的意思。

人们虽然能看见自己的鼻子,但只是模模糊糊的,脸部的其他部位更是一点都看不清了,这也应了一句话——看清自己很难,所以人们发明了镜子以看清自己。家长在教育孩子的时候有时会出现类似的情形,孩子身上的问题看得很清楚,殊不知这些问题其实在自己身上同样存在,只是自己注意不到而已。所以中国文化非常强调自我进取、自我反思,《易经·乾卦》中的一句话“天行健,君子以自强不息”,就是典型的例证。

自我进取、自我反思之后,才可以扩展到周围的一切,《大学》讲

修身、齐家、治国、平天下，就是这个次序，这时的“自”就有了“从”的意思。这样的一个次序被人们所认可，“自”也有了“当然，自然”的意思。

（二）“然”——这样

然，金文写作“然”（图 4.8），由三个部件组成，左上部是“月”（月），指“肉”，而非“月”，汉字中表示身体部位的词大部分都有“月”字旁，如肝、胆、脾、胸、脸、腿、背、腰、腕等。右上部是“犬”（犬），代表狩猎；下部是“火”（火），表示烧烤。三个部件合在一起表示将猎获的动物烤熟了吃。在远古时代，烤食是人类生存能力突破性的一大进步，所以“然”也表示“合理，正确”，之后也引申为“这样，如此”等。

（三）自然，本来这样

“自”指本身，“然”指这样，那“自然”，就是世界最基本的无需解释的本来样子。“然”又有“正确”的意思，也就是一切真理就是世界的本源、最初呈现的状态——本真，这时的状态就是“自然而然”，也叫天然。

说到这里，可以在育人的角度上对“自然”一词总结一下了。

“自然”代表育人关注的范围——整个世界。世者，古往今来，时间也；界者上下四方，空间也。育人不是单单培养一个好成绩的学生，不仅仅是家庭的门面，不仅仅是民族的栋梁，育人的目标应在于“为天地立心，为生民立命，为往圣继绝学，为万世开太平”，至于每个孩子要关注多大的世界，可以因人而异。

“自然”代表育人实践之顺其自然，育人就是将孩子心灵深处的善端发扬光大，当然，也完全可以发扬光大，因为每个孩子的内心深处都有善端。但让一只最会飞、最会教的老鹰来教孩子飞翔，老鹰是无论如何也没有办法教会孩子的，不是老鹰的能力不够，而是孩子根本没有这种自然天分。当然，孩子心灵深处也有不善之端，不必大惊小怪，通常可以选择忽略它，它就不会扩大，甚至会萎缩。一棵树之所以有阴影，是因为有阳光的存在。育人实践的关注点是承认阴影，向着光明前行。

四、育人实践重在真诚

如今的家庭教育现状大致有三种类型。

第一种是有明确的家训、家规、家风、家约等家庭文化，而且家庭成员对家庭文化已达成共识，家庭育人过程自自然然、从从容容，孩子生活、学习、工作、心态、修养等都有一定的习惯，家庭文化氛围比较和谐。

第二种是没有明确的家庭显性文化呈现，但家长注重自身修养，以身作则，生活、工作都尽心尽力，在家庭教育方面严格要求家庭成员，孩子虽然不怎么自觉，但也能遵照家长的要求生活、学习。

第三种是没有明确的家庭显性与隐性文化，但家长和家庭成员都有一定的上进心，也可以说是虚荣心，在家庭教育中主要是家长花精力、耗时间、费财力帮助孩子参加各种学习班，家长和孩子对家庭教育的过程都有一些不认可的地方。

不管哪一种类型，家长在家庭教育过程中坚守真诚都是根本的原则。

（一）真诚，坚守根本

家庭文化形成之后不是一成不变的，家庭是开放的，家庭成员同时又是社会的一员，一定会受社会文化的影响，每一代家长受到的影响又有鲜明的时代性，因此家庭文化具有不稳定性。这一特性可以使家庭文化不断丰富与发展，但这需要家庭主要成员对家庭文化与社会文化的关系有深入的思考，同时对家庭文化的稳定因素有清醒的认识。否则，要么处在跟风而失去自我的状态，要么处在因家庭文化与社会现实不一致的纠结状态，不论哪种状态，对于家学育人所起的作用都不是正面的。

如何才能让家庭文化处于良性发展的状态从而发挥育人的良性效果？唯有真诚——坚守根本。

陆游在《放翁家训·序》中有下面一段叙述：

吾家在唐为辅相者六人，廉直忠孝，世载令闻。念后世不可事伪国苟富贵，以辱先人，始弃官不仕。东徙渡江，夷于编氓。孝悌行于家，忠信著于乡。家法凛然，久而弗改。

这段话讲了陆游家族的历史，这个家族在唐代担任朝廷重臣的有六人，到五代十国纷乱时期，家族之人开始弃官不做，做普通百姓，他们有自己的原则坚守，就是廉洁、正直、忠诚、孝顺，家族严肃而敬畏的秉承着家学规范。这样的规范其实也是遵循孔子的教诲——“天下有道则见，无道则隐”。乱世结束，宋代建立，这个家族与时俱兴。

宋兴，海内一统。陆氏乃与时俱兴，百余年间文儒继出，有公有卿，子孙宦学相承，复为宋世家，亦可谓盛矣！(《放翁家训·序》)

此后百余年间，文豪、名儒相继出现，或位列三公，或官拜九卿，子孙也都致力于仕途或潜心于学问，代代相承。从此，又成为宋朝世家大族，可以说是昌盛一时了。

这一段叙述中，表面看上去好像在叙述一个家族的兴盛与低谷的变化，这背后真正想表达的是家族对气节的坚守，正像陆游本人所说：

仕而至公卿，命也；退而为农，亦命也。若夫挠节以求贵，市道以营利，吾家之所深耻。(《放翁家训·序》)

意思是说做官或做百姓是命,是自己不能完全把握的,但如果失去尊严和节操来求得显贵,出卖自己奉行的道德准则来谋取利益,会为家族所羞耻。

从陆游家族的起伏变化中,完全可以看出家族成员对自身家庭文化的坚守——把为人的尊严和节操看作是家学之根本,与之相比,功名利禄绝对次之。

(二)真诚,自我践行

《论语·阳货》有这样一段话:

子曰:"予欲无言。"子贡曰:"子如不言,则小子何述焉?"子曰:"天何言哉?四时行焉,百物生焉,天何言哉?"

讲的是孔子和学生子贡的一段对话。子贡认为跟老师学习就是听老师讲话,现在老师不想讲话了如何是好?孔子回答了一句大实话——天不说话,春夏秋冬照样运行,天下万物照样生长。这句话应该是先生对教育终极原则的回答。家学的育人实践中最后的方式才是说教,作用最好的当属教育自己,真诚之自我践行。

《三字经》讲:

苏老泉,二十七。始发愤,读书籍。彼既老,犹悔迟。尔小生,宜早思。

这里所说的苏老泉就是苏轼和苏辙的父亲苏洵,苏洵在年轻的时候对读书的兴趣不大,只热衷于游山玩水。二十七岁开始发奋读书,原因有二:一是这年苏洵母亲去世,苏洵的哥哥让他写一篇文章来哀悼,苏洵发现自己无论如何也写不出来,于是哥哥又让他编写家谱,苏洵因在这个过程中看见了自己祖先的真诚努力而自感羞愧;二是苏洵的妻子程氏是一个大家闺秀,她经常劝谏苏洵收心读书,见丈夫不听,便自己教孩子们认字读书。苏洵看到程氏对孩子们的教育,又想到自己的表现,渐渐意识到如果自己还这样不思进取,将来是要

被子女耻笑的。

但苏洵开始发奋时态度并不是很认真，仗着聪明，没有下真功夫，结果第一次应乡试就落第。失败后真诚地反省自己，搬出几百篇自己的旧作细读，愤然烧个干净。决心从头再来，取出《论语》《孟子》以及韩愈的文章从头细读，穷究《诗》《书》以及诸子之理，每日端坐在书斋，苦读不休者达六七年，并发誓读书未成，不写任何文章。期间留下了“认墨为糖”[①]的故事。编写家谱时，为了弄清楚祖先的来历，列下了长长的书单，把《史记》《汉书》《左传》《国语》《战国策》都罗列到床前、案头，读了个通透。

最后，苏洵精通“五经”和诸子百家学说，使自己具有了渊博的知识和惊人的才智，再写起文章来，自然而然便“下笔顷刻数千言”。这一过程中更重要的成果是培养和影响了两个文学大家——苏轼与苏辙。

可见，家长真诚提升自己的过程，以及自身的高境界与大格局具有强大的影响力与感召力，就像一个强大的磁场在吸引着孩子，孩子的成人、成才变成了顺理成章的事，家长自我践行的过程就是家学育人的过程。

（三）真诚，走向“大我”

前文我们讨论过人的遗传问题，人的遗传来自于自身、家族、物种、天地。换一个角度说，就是“我”可以是自我一人，是家族的一员、人类的一分子，也是“宇宙”的组成部分。从时间的角度来说，生物个体的“我”可以存在百年以上，作为家族的“我”可以存在千年以上，作

① 相传有一年端午节，程夫人看他一直待在书房里，连早餐也忘了吃，特地剥了几只粽子，带了一碟白糖，送去书房，没有打扰他便悄悄地走开了。近午时分，收拾盘碟时，发现粽子已经吃完，糖碟原封未动，然而却在砚台的四周，残留下不少的糯米粒，苏洵的嘴边，也是黑白斑斑，黑的是墨，白的是糯米粒，原来苏洵蘸的是墨不是糖。

为物种的"我"可以存在万年以上，作为宇宙的"我"可以存在亿年以上。如此看来，"我"的定义取决于我们思想关注的时空范围，随着关注的时空范围的扩大，一个"小我"就渐渐走向了"大我"。

站在自我的角度上看问题，人们追求的便是个体自由；站在家族的角度上思考，人们追求的就是家族至上；当为物种的利益着想时，追求就是人类独尊；当思想关乎天地时，人们在乎的便是自然和谐。在育人的过程中关注的时空越大，一个人成长的舞台也就越大，获得的外在资源和内在涵养也就越丰富，在成长过程中的自由与从容的程度也就越大。举一个例子来说，一个人如果是学生，自己成绩超过了同学，就会满足，反之，便会难过；如果是老师，只要自己班级总体成绩较好，便会自豪，对具体哪一个孩子的成绩好并不是特别在意；如果是校长，只要学校整体成绩提升，不管是哪一个班级为整体赢得荣誉都好。

其实，关注更大的时空并不是向外去追求，相反，只要向内追求便可，按照王阳明的说法就是"革除物欲""致良知"便可。这在家学育人的过程中，就是人们经常说的——"做人"为本。这个"本"，就是赤子之心。翻译家傅雷先生在1955年1月26日写给傅聪的家书中对"赤子之心"作了非常精辟的论述：

> 赤子便是不知道孤独的。赤子孤独了，就会创作一个世界，创作许多心灵的朋友！永远保持赤子之心，到老了也不会落伍，永远能够与普天下的赤子之心相接相契相抱！艺术表现的动人，一定是从心灵的纯洁来的！不是纯洁到像明镜一般，怎能体会到前人的心灵？怎能打动听众的心灵？

赤子之心就像一面一尘不染的明镜，就可以照出天地山川的本来面目，这就是育人之本——真诚。带着真诚去做学问，就会直达学问之本源；带着真诚去学艺术，就会直达艺术之真谛。我们要做的就是除去吃喝玩乐、功名利禄等多余的欲望，保持心如明镜之状

态,之后的成长便是自然而然的了,正像傅雷先生对傅聪的教导一样:

第一做人,第二做艺术家,第三做音乐家,最后才是钢琴家。

傅聪就是这样成长的,他是一位内心强大而温润的君子,是一位学识渊博、感情敏锐的艺术家,一位有洞察力、有灵感的音乐家,一位能够展现最微妙的层次、具有诗人气质的钢琴家,人们称他为"钢琴诗人"。

五、成长过程重在自然

前面一直在强调家学建设以及身体力行的重要性,但这绝不代表家长可以对孩子不了解、不引导,也不代表家长放弃对孩子的说服与教育。相反,家长自我践行致力于家庭文化建设的同时,要研究社会的发展趋势、研究孩子的身体特点、了解孩子的成长规律,有针对性地对孩子加以引导与教育,使孩子可以自然地成长。这里的自然不是放任自流,而是"自然而然",是一种智慧。《道德经》第二十五章有一句话:

人法地,地法天,天法道,道法自然。

意思是说人按照大地的法则生活,大地按照宇宙的法则运行,宇宙按照道的法则运行,道按照自然的法则运行。那自然的法则如何理解?一是非人为,非人为不是不作为,而是不乱为,应遵循客观规律,此所谓顺其自然;二是关注播种与收获的关系,有所自,才有所然,此所谓自自然然。

(一)尊重个性,顺其自然

前文提到在"钢琴诗人"傅聪的成长过程中,父亲傅雷起到了极其重要的引导与激励作用,也包括极其严厉的督促。有一次,傅聪练琴时稍有懈怠，傅雷发现后，拿出藤条，对着儿子一顿教训。

傅聪的弟弟傅敏跟父亲讲打算初中毕业后报考上海音乐学院附中，傅雷却粗暴地打断了傅敏的想法。傅雷跟傅敏说道：

> 第一，家里只能供一个孩子学音乐，你也要学音乐，我没有这能力；第二，你不是搞音乐的料子；第三，学音乐，要从小开始，你上初中才学琴，太晚了，学个“半吊子”，何必呢？
>
> 你呀，是块教书的料！

与其说这是傅雷先生的性格使然，也绝对不能否认傅雷先生对两个孩子有着深入的了解，对孩子未来有着理性的思考。

育人实践的目标是孩子的成人，但“成才”也非常重要，“成才”并不是社会上所说的成名、成家、有钱、有势，而是成为最合适的自己，在社会上找到自己恰当的舞台，在能够保证自己生活舒适、家庭幸福的基础上享有人生的愉悦与从容。其实这个标准是不低的，能达到这个程度的人，是可以达到社会上人们所说的成功标准的，这样的人生除了命运的垂青之外，还需要在每一个人生的十字路口完成合适的选择。

作为家长，毕竟比孩子早来到这个世界几十年，对社会生活、对自我的成长等方面有着一定的了解与感悟，面对孩子，要运用这些认识与学识切实开展对孩子的了解与研究，研究孩子个性特征，包括兴趣、特长、性格等，之后选择合适的学校、专业、行业、事业等，这就是顺其自然。

傅聪潜心艺术，成为世界著名的钢琴家，傅敏踏实教学，成为了一名英文特级教师，这不能不说是傅雷“尊重个性，顺其自然”育人的结果。

（二）真诚播种，自然收成

人们可能都比较熟悉这样一个比喻——孩子生下来就像一张白

纸，需要老师、家长慢慢勾勒。这句话强调了外因的重要性，却忽视了孩子自身成长的能动性，如果一直没有人来勾勒，这张白纸难道就一直保持原样吗？绝不会，他还是要成长、变化的。因此，可以用另一句话来比喻孩子的成长，就是“孩子的心灵就像生命力极强的土壤，不长庄稼就会长草”。

控制杂草生长的最直接的办法当然是拔掉，可“野火烧不尽，春风吹又生”，杂草的生命力可谓强矣。最好的办法是在土地上种上庄稼。对于孩子来说，自由散漫是天性，好学上进是社会文明的种子，让孩子多多接触经典，在心灵深处播种“自强”“厚重”“和谐”的种子，那些“懒惰”“轻浮”“蛮横”的杂草自然会萎缩。

播种的方法就是在家庭文化中融入“经典”的元素，读起来最方便的两部经典是《论语》与《老子》。《论语》是儒家的经典，给人们以积极上进的力量；《老子》是道家的经典，给人们以淡定从容的修为。如：

《论语》论自强：

三军可夺帅也，匹夫不可夺志也。(《论语·子罕》)

知者不惑，仁者不忧，勇者不惧。(《论语·子罕》)

士不可以不弘毅，任重而道远。(《论语·泰伯》)

《论语》论厚重：

君子不重则不威，学则不固，主忠信。(《论语·学而》)

君子泰而不骄，小人骄而不泰。(《论语·子路》)

己所不欲，勿施于人。(《论语·颜渊》)

《论语》论和谐：

富与贵，是人之所欲也，不以其道得之，不处也。(《论语·里仁》)

三人行，必有我师焉。择其善者而从之，其不善者而改之。(《论语·述而》)

学而不思则罔，思而不学则殆。(《论语·为政》)

《老子》论成败：

祸兮福之所倚；福兮祸之所伏。(《老子》第五十八章)

有无相生，难易相成，长短相形，高下相倾，音声相和，前后相随。(《老子》第二章)

《老子》论无为：

圣人处无为之事，行不言之教。(《老子》第二章)

我无为，而民自化；我好静，而民自正；我无事，而民自富；我无欲，而民自朴。(《老子》第五十七章)

《老子》论不争：

上善若水。水利万物而不争，处众人之所恶，故几于道。(《老子》第二章)

夫唯不争，故天下莫能与之争。(《老子》第二十二章)

《论语》的这些思想相当于庄稼的种子，在家学文化的建设中家训、家规、家风、家约要以这些思想为指导，通过家庭文化的影响将其播种在孩子的心灵深处，慢慢形成孩子的人生观、价值观和世界观，再外化为良好的生活习惯、学习品质……

农民种庄稼是很有学问，春天智慧地播种——在合适的时间、合适的土地播种合适的种子；真诚地播种——把种子严实地埋入土里，确保不透风，整个过程来不得半点虚假。家庭教育同样需要这种真诚，这是儒家的思想。播种之后农民会耐心地除草、施肥，但绝不会揠苗助长。即便庄稼长势良好，农民也不会简单地认为丰收在望，因为他们知道最后的结果还没到，还要看老天的态度，更不会着急在秋天以前就要求庄稼提前成熟。家庭教育同样需要这种淡定，这就是道家的修为。

一个家庭有了得以传承的家学文化，家长又可以身体力行地去践行家庭文化，接下来家长对孩子的说服、教育就自然多了，这时的说服、教育也不是平常意义上的简单“说教了”，主要是对家学文化、民族文化的解读，对孩子如何践行这些文化的引导。至此，孩子的成长便成了自然而然的事了，孩子的成人、成才的过程也成了顺其自然的事了。

六、任尔东西南北风

随着科技的进步和社会的发展，信息交流越来越方便，接受知识的渠道越来越多，新的思想也层出不穷，这一切在给人们带来方便的同时，也给人们带来了困惑——如何选择？

一个人时间有限，精力有限，能力、个性、天分各不相同，成长的途径当然应该有所区别。现今是一个快节奏的时代，浮躁的气氛占据主流，人们很难静下心来，认真、踏实地考虑一下适合自己的路，特别在孩子的教育方面盲目跟风的现象比较严重，这时最重要的是两个字——坚守，坚守中华国学经典，坚守家庭核心文化，坚守育人的初衷，一句话就是“不忘初心”，所以，在本节的内容讨论之后，推荐阅读下面一首诗。

扫码跟随音频吟诵

竹石

清　郑燮

咬定青山不放松，
立根原在破岩中。
千磨万击还坚劲，
任尔东西南北风。

咬定青山不放松，立根原在破岩中。

根要扎在青山，可见目标极为明确，一个“咬”字，可见其坚守，再以“不放松”来补足，可见信心之坚定。青山不会移动，代表稳定和永恒，就家学育人而言，青山代表中华国学经典，代表得以传承的优秀家学核心文化。在家庭生活中一定要坚守，因为社会的各种短期利益的诱惑非常多，故而一定要“咬定”，并且绝不“放松”。

“破岩”一词足见其环境之不佳，但正因如此，才成就根的扎实，也成就了岩竹的坚韧。在水分充足、营养丰富的土壤里，竹子往往会更嫩一些，绝不会如此挺立峭拔。“原”解释为“原本”比“原来”更好，理解为理所当然、毫无疑义，可见对生长在这样环境的心安与从容。

千磨万击还坚劲，任尔东西南北风。

“千磨万击”和“东西南北风”看似是对成长的诱惑与影响，实则是其过程中对自我的一种净化，可以去掉自身的柔弱性格与跟风的冲动。坚持家学育人，就有了对“青山”的真诚坚守，有了对“破岩”的淡然，有了对各种思想的理性判断，有了面对各种流行风向的抵抗力，更能够确保孩子从容、自然地成长。

家学育人的实践绝不是简单的说教，而是如《诗经》所说“如切如磋，如琢如磨”，切制、锉平、雕琢、磨光，这一过程下来，一块璞玉才可以玲珑剔透。一个孩子不被各种现实的诱惑所动，经历一次次的挫折仍有坚定的意志，正是因为有对“初心”的坚守；一个家庭可以不跟风，正是因为有对家学的认同。

拓展阅读

孔子"乐以忘忧"

孔子六十多岁的时候,还带领学生周游列国,十数年间,历尽艰辛,不仅未得到诸侯的任用,还险些丧命,但正因有这些经历,老人家最终回到鲁国,删《诗》《书》,定《礼》《乐》,赞《易经》,著《春秋》。

孔子这样来描述自己的心态:"发愤忘食,乐以忘忧,不知老之将之云尔。"这句话表明孔子从读书和各种实践活动中体味到了无穷的乐趣,连自己老了都觉察不出来。这一乐趣便是"真诚"与"自然"带来的乐趣。

本节思维导图

天真地诚,自自然然

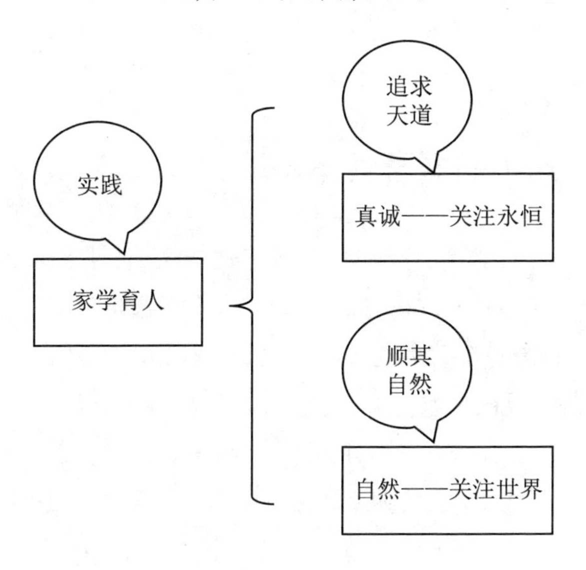

第三节　教、育、乾、坤——上教下育，往来乾坤

育人实践篇共三节，前两节主要讨论育人实践“知行合一”和“自然而然”成长的原则，当然这里的“自然而然”成长绝不是放任自流，而是要按照自身的个性与成长规律成长。本节主要讨论育人实践的原则——上“教”下“育，往来“乾坤”。

“教”是督促孩子践行文化，“育”是培养使孩子从事有益之事的过程。“乾”是给予生命元气扩展的空间，“坤”是帮助生命聚集元气。讨论“教”与“育”是强调育人实践中明确成长方向与充实成长的能量，讨论“乾”与“坤”是强调育人实践中理性的指引与情感的关怀。

一、孔子到底有何本事?

卜商，卜氏，名商，字子夏，是孔子的弟子，活了一百多岁，名列“孔门七十二贤”之中，“孔门十哲”之一。孔子去世后，子夏前往魏国教书育人，收了一个著名的弟子——魏文侯，在传播儒家学说上，形成了独立的子夏氏一派。

子夏生于公元前507年，比孔子小44岁。他拜孔子为师时，孔子已经闻名于世了，子夏在见到孔子后，觉得老师并不是想象中的崇

高，而是看起来很普通，心想："老师闻名天下，可为什么看上去没有什么特别的呢？不会是传言有虚吧？"再去观察同学，发现他们大多都相貌堂堂、才华横溢，子夏不明白为什么如此众多优秀的人，还要不远万里地跑来拜孔子为师。

有一天，他实在忍不住了，问道："老师，颜回同学的为人怎么样？"

孔子知道子夏的心思，说："颜回的诚信比我要好。"

子夏又问："那么，子贡呢？"

孔子笑着说："子贡的聪明超过我好多！"

子夏接着问："那么，子路同学又怎么样呢？"

孔子说："说到勇敢，我远远不及子路。"

子夏又问："那么，子张的为人又如何呢，难道也有超过老师之处？"

孔子说："子张的为人处世，庄重而严谨，这是我不及他的地方。"

子夏听到这里，吃惊地站了起来，鞠躬作揖地说："老师！这就是我一直困惑的地方。既然这些学生都有超过老师的地方，为什么他们要向您学习，拜您为师呢？"

孔子和蔼地说："坐下，我告诉你。颜回诚信但不懂得变通，以致影响自己的判断，反而会伤害别人；子贡聪敏但不能委屈自己；子路勇敢但不懂得退让，难免会意气用事；子张庄重但与人合不来。将这四个学生的所有长处加在一起和我交换，我也不答应。这就是他们之所以一心跟随我，不愿离开的原因！"

从这个故事中，我们可以看到孔子能够恰到好处地把握"教"和"育"的尺度，同时在坚守和变通之间达到了自由出入的境界，即所谓乾坤之间自由往来。

二、教与育——督促与培养

扫码观看解读视频

图4.9 “教”的古字

（育）

倒写的“子”

肉：长肉

育：养子使作善也

图4.10 “育”的古字

《孟子·尽心上》有这样一句话：

> 君子有三乐，而王天下不与存焉。父母俱存，兄弟无故，一乐也；仰不愧于天，俯不怍于人，二乐也；得天下英才而教育之，三乐也。

这句话是说君子有三种乐趣，但君临天下这种尊贵与荣耀并不在其中。而父母健在、兄弟安康是第一乐；不愧天地、不愧他人是第二乐；有机会教育天下优秀的人是第三乐。“教育”一词由此产生。

当今，“教育”一词已经成为社会最高频的词汇了，任何领域都有业内和业外之分，但只要谈到教育，好像人人都是行家。因为每个人的成长都绕不过“教育”二字，做孩子接受教育，做家长实施教育；在家里有家庭教育，在学校有文化教育，工作后还有职业教育与终身教育……但到底何为“教”，何为“育”？还是从解字谈起。

（一）“教”——上施下效

教，小篆写作“”（图4.9），甲骨文写作“”，由“”“”和“”三个部件组成。

“爻”，在讨论“学”字的时候介绍过，是“爻”字，是组成卦的符号，分为阳爻和阴爻，阳爻与阴爻不同的排列，形成不同的卦。当时，介绍了乾卦“☰”(天)、坤卦“☷”(地)、坎卦“☵”(水)、离卦“☲”(火)，这里乾卦与坤卦相对，坎卦与离卦相对。

有了天、地、水，才有了生命，有了火，才有了文明，有了文化，所以“爻”是文化的最小单位。下面再简单介绍一下其他四卦：

> 艮卦“☶”，代表山，上面是阳爻，下面两个阴爻，用简单的符号画出来就是“Λ”，正好是“山”的形状。
>
> 和艮卦相对的是兑卦“☱”，上面是阴爻，下面是两个阳爻，代表“泽”，指水或水草积聚的低洼的地方。
>
> 把兑卦翻转一下，两个阳爻在上，阴爻在下，就成了巽卦“☴”，代表“风”，可以引申为气态的物质。
>
> 和巽卦相对的是震卦“☳”，上面是两个阴爻，下面是阳爻，代表“雷”，引申为打雷，又由打雷来比喻迅速；还可表示宏大如雷的声音等。

由此可见，“卦”是代表宇宙自然现象的图文，而“爻”是组成这些图文的基本单位，而“教”和“学”两个字都是围绕“爻”这个部件来表达的，古时“教”“学”同字，后代分化为二字。

“教”和“学”共同含有的部件还有“子”(子)，代表孩子，引申为种子，表示孩子虽然小，但生命力很强。“学”是家长将孩子头上的蒙昧揭开，将代表世界奥秘的文化单位(爻)给孩子看。但孩子可以向善的方向成长，也可以向恶的方向发展，人类在孩童的时候，一般都喜欢好吃好喝，不喜欢规矩束缚，渴望爱抚，逃避说教。家长给孩子讲文化是一回事，孩子能不能积极接纳是另一回事，这时“教”就产生了。

在“孝”的右边加一“攴”(攴)字，“攴”读作“pū”，意思是“手持卜以小击”，代表手持器械施教的样子。所以《说文解字》对“教”的释义是：“上所施，下所效。”这一解释一般与“上行下效”等同起来，理解为上面或长辈的人怎样做，下面或晚辈的人就学着怎样做。其实“施”与“行”还是有很大区别的，“施”的动作主要是面向对象的，如“施与”“施舍”等，而“行”一般指自我行动，与对象的关系不大。所以“上所施，下所效”除了作出表率之外，还带有要求孩子效仿的意思，或者说孩子要在家长的监督下完成任务或要求，可见，“教”指督促孩子践行文化。

（二）“育”——养子作善

育，甲骨文写作“”，左上边是“女”字，右边是“”，即倒写的“子”，表示出生的婴儿，左右合在一起表示妇女生子。

金文写作“”，承续甲骨文字形，并在“子”（）的头部加三点“”，表示妇女生产时的羊水，合在一起仍然表示妇女生子。

篆文写作“”（图4.10），上面是“”，是头朝下出生的婴儿的象形，下面是“”，是“肉”，指使之长肉①，表示生子并喂养，使孩子长大。

三个字体的“育”字有一个共同的部件，就是倒写的“子”。除了强调婴儿出生时的情形，也强调了婴儿的特点。

婴儿四个月左右才会翻身，七个月左右才会坐，独立行走要大概一岁，从降生开始一直需要大人照顾，喂奶、换尿布、哄睡还要陪玩。经历婴幼儿时期、青少年时期等，才会达到“成年”标准，人类的幼态通常要持续到小学甚至青春期左右，达到精神的成熟要几十年，而动物幼崽只需要几天、几个月就结束了。

婴儿成长速度慢，但这也给了他的身体、学习、性格等各个方面足够发育的时间，可以不断进步，这个过程就是家长对孩子的养育过

① 肉：使长出肉。《盐铁论·非鞅》：“故扁鹊不能肉白骨，微、箕不能存亡国也。”意思说扁鹊不能让白骨长出肉来。

程。之所以用“养育”一词，是因为对于婴儿既要关注其身体的成长，更要关注内心的成长。

《说文解字》给“育”的释文是：“养子使作善也。”“作善”是指做善事，“使作善”是使之做善事，潜台词是说孩子可能不愿意做善事，仔细想想原因也很简单，婴儿刚出生时因为不能独立生存，他所有的努力都是自我生存，没有精力想他人，随着自我生存能力的成长，对他人的关注才随着增加，但这需要家长给予引导，反之，完全靠自我成长是有困难的。

总结一下何为教育：教者，上所施，下所效也；育者，养子使作善也。翻译过来就是，“教”指老师和家长教授、孩子效仿的过程，“育”指培养使孩子做善事的过程。教，告诉孩子怎么做——做示范；育，告诉孩子做什么——做善事。

三、乾与坤——扩展与聚集

扫码观看解读视频

（乾）

表示日出

蒸汽

（火）

乾：阳气向上升腾

图4.11 “乾”的古字

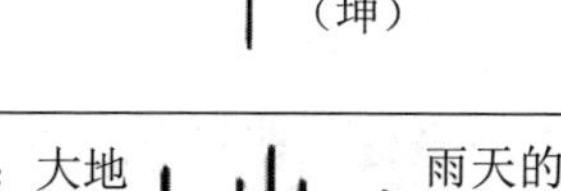

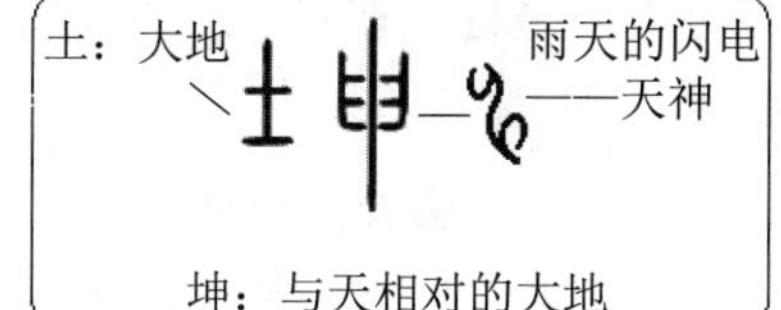

图4.12 “坤”的古字

中华传统文化最丰富的集成之作是清代乾隆时期编修的大型丛书《四库全书》，《四库全书》分经、史、子、集四部，其中“经”是中华文化的主要思想脉络。“经”指《诗经》《尚书》《礼记》《易经》等十三部儒家经典，其中《易经》被称为群经之首。《易经》分为六十四卦，其中

"乾""坤"二卦是六十四卦中最基础的。由此可见"乾""坤"在中华文化中的重要地位,原因如何,还是从解字开始。

(一)"乾"——气之扩展

先从"气"字讲起。气,甲骨文写作"☰",在造字方法上属于指事字,上面的一横代表"天",下面的一横代表"地",两横之间加一横指事符号"一",代表天地之间的气流。金文将表示天地的上下两横都写成折笔"气"。篆文将三横都写成了波浪线"气",字形由指事字变成了象形字——像气流起伏的样子。

总结起来说,"气"是天地间容易飘逸、扩散的自然界的第三态物质(固态、液态之外的第三态)。生命的三要素是阳光、水和空气,暂时没有阳光和水,人们还能存活一段时间,但若几分钟没有空气,人们就会窒息,可见空气的重要性。"气"不但支撑了生命,更是宇宙的本源。

宋代有一位著名的理学家叫张载,他的名气也许没有朱熹大,但他的名言"为天地立心,为生民立命,为往圣继绝学,为万世开太平"却历代传诵不衰,这四句话可以说是知识分子的使命与担当,是中国人的精神坐标。张载先生对历史上的"宇宙本体论"做了较系统的总结:

> 一切万物都是由气化而来的,形态万千的万物,都是气的不同表现形态。不论聚为有象的"有",还是散为无形的"无",究其实质,都是有,不是"无",所说"太虚即气,则无无",因为物质的气作为宇宙本体,只有存在形式的不同变化,不是物质本身的消灭和化为无有了,气是永恒存在的。

清代的文字学家朱骏声是清代学术大师、乾嘉学派代表人物钱大昕的得意门生,他写了一本书叫《说文通训定声》,里面有这样一句话:

达于上者谓之乾。凡上达者莫若气，天为积气，故乾为天。

这句话是一个标准的三段论，先给“乾”下一个定义“达于上”，这是大前提，接着是小前提，说“气”可以“达于上”，“气”累积成天，这样得出结论，“乾”就是“天”。说到这，就可以分析“乾”这个字了。

乾，籀文[①]写作“”（图4.11），由“”“”和“”三个部件组成。“”是“”（朝）的省略，表示太阳从草丛中升起。“”是火，代表炎热，表示大地在太阳的照射下温度逐渐升高。“”指气，表示早晨地面上，特别是草丛上露水由于温度升高而蒸发，从而“达于上”。合在一起表示太阳如火，水汽蒸发，充满宇宙空间。有的籀文将“”写成“”（乞），“”的字形由此产生。

现代科学研究表明，早期的恒星是由大爆炸中的原始气体组成的，而原始的气体大部分都是氦气和氢气，“乾”字的造字过程充分显示明我们祖先的智慧。再引申开来，机体的一切生命活动都是在元气的推动和调控下进行的，元气是生命活动的原动力。网络上常看到一句话：今天又是元气满满的一天。其实孩子的精神成长同样是“元气”扩展的结果。

教育的任务之一是**给予生命元气扩展的空间，即“乾”**。同时，还要帮助生命聚集元气，并给予元气扩展以充足的能量，这就是“坤”。

（二）“坤”——使气聚集

先从“申”这个字讲起。申，甲骨文写作“”，是个象形字，像神秘而令人惊恐的霹雳，又像朝各个方向开裂的闪电，代表声音和光向周围炸开。金文延续了甲骨文的字形，写作“”，有的金文写成了“”，是双手握住“”的形状，这一竖代表一切，合在一起表示掌控一

① 籀：音zhòu，指大篆，遗存石刻有石鼓文。

切的天神。所以,“申”字原来是“电”和“神”的本字,闪电也好,神也好,都是超出人生命之外的力量,同时,这些力量又和人有着千丝万缕的联系,所以“申”就有了向外“伸张”和向神灵“申明”的语义,其篆文写作“”,字形慢慢固定下来。

坤,篆文写作“”(图4.12),由“”(土)和“”(申)合成。“申”是“神”的本字,“土”又代表大地,那“土”和“神”合起来理所当然表示“地神”,是与阳性的上天相对的阴性大地,也许古人认为沟通天地的就是闪电(“”)。

在道家古老的阴阳观念中,天为阳,称作“乾”;地为阴,称作“坤”。乾字表示烈日如火,水汽蒸发。水汽之所以蒸发,是因为有阳光的照耀。“坤”的定义是以“乾”为参照的,乾为天、为君主、为父亲、为男性、为西北方……“坤”则为地、为臣子、为母亲、为女性、为东南方……

“教”相对于“乾”,是说孩子**修养的过程需要有一个外力的督促与引导,使之元气扩展**;那么“育”就相对“坤”,且要与“教”为参照,即“育”是与“教”相对应,是**帮助生命聚集元气,并给予元气扩展以充足的能量**的过程。

四、教育相合,成人成才

本书名为《家学育人智慧36字》,“家学育人”强调的是内涵与方式——以家学引导、影响孩子成长,不同于一般意义上的家长以个人好恶来要求孩子。但这一过程的前提是一个家庭要有家学。由于历史的变迁与时代的发展,一些家庭原有的家学或没有传承下来,或被打破,而新的家学又没有建立起来。所以,家学建设就尤为重要。有了境界高远、格局宏大的家学内涵,“施教”才有了内容,“教”和“育”

结合，孩子才可以健康成长。

（一）刚日读经，柔日读史

经是经书，指儒家经典著作；史是史书。根据《易经》，所谓“刚日”就是阳日，也就是单日；所谓“柔日”就是阴日，也就是双日。“刚日读经，以立正大；柔日读史，以知通达”是说读经书，可以明白一些大原则，读历史可以了解如何灵活践行这些原则。这一点同样适用于家庭文化的建设，举一个例子来说，《论语·为政》中有这样一句话：

> 子曰：“吾十有五而志于学，三十而立，四十而不惑，五十而知天命，六十而耳顺，七十而从心所欲，不逾矩。”

这句话，孔子自述了他学习和修养的过程。这一过程，是一个随着年龄的增长思想境界逐步提高的过程。其实这个过程也可以对应《易经·乾卦》中的爻辞（图4.13），为了简练，将每句简化为两个字，分别是潜龙、见龙、惕龙、跃龙、飞龙和亢龙。

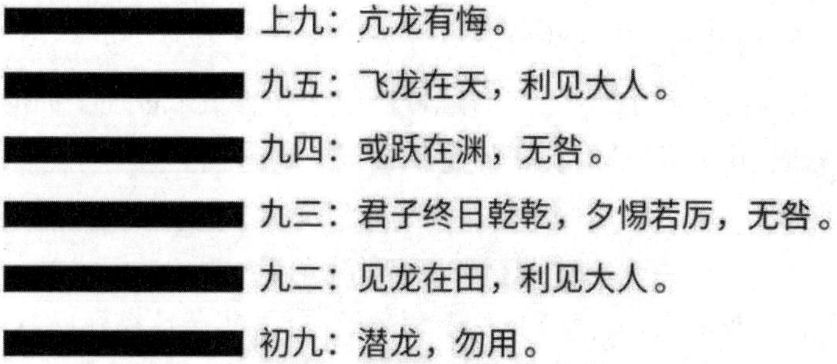

▬▬▬ 上九：亢龙有悔。

▬▬▬ 九五：飞龙在天，利见大人。

▬▬▬ 九四：或跃在渊，无咎。

▬▬▬ 九三：君子终日乾乾，夕惕若厉，无咎。

▬▬▬ 九二：见龙在田，利见大人。

▬▬▬ 初九：潜龙，勿用。

图4.13　乾卦及爻辞

“十有五而志于学”，意思是十五岁就立志做学问。这一时期就像“潜龙”，就是树立志向、努力充实自己的过程，逐渐提升自我学识、能力、修养，重在吸收，而不重表现。

“三十而立”，意思是三十岁可以自立于社会。这一时期就像是

“见龙”，就是进入职场，将自己多年来积累的学识、能力、修养展现出来，但展现给谁看是个问题，不是随便展现，而是“利见大人”，“大人”指真正赏识你能力和修养的人。

“四十而不惑”，意思是四十岁具备各种自持的能力和修养，不受各种外力的迷惑。这一时期就像是“惕龙”，你不去表现，同事不会在乎你，一旦表现就会惹来很多嫉妒、非议、指责或打击，这时需要坚守自我、谨慎行事，更加严格要求自我，此乃“不惑”也。

“五十而知天命”，意思是五十岁掌握了社会规律与法则。这一时期就像是“跃龙”，这是人生的最关键时期，如果能在各种非议中进一步提升自我境界、扩大格局，便可“飞龙在天”。

“六十而耳顺”，意思是六十岁听到别人的话不需要仔细思考，就能领会。这一时期就像是“飞龙”，就是进入了生命的高级境界，俗称“九五之尊”。

“七十而从心所欲，不逾矩”，意思是说七十岁便随心所欲，任何念头都不会超越规矩、法度。这一时期就像是“亢龙”，这是生命的最后时期，是风光之后的淡然。

上面内容属于“经”，之后还可以读一些历史来佐证上面的结论。如《史记·孔子世家》对孔子的生平就有一些记载：

年轻时有志于做学问，关心天下大事，学习礼仪，管理过仓库、畜牧，开办私人学校。此所谓“潜龙”阶段。三十岁时，已经有了一些名气，齐景公与晏子到鲁国访问，孔子已经可以与齐景公讨论秦穆公称霸的问题了，但不放弃学习，向老子问道，向苌弘问乐，此所谓“见龙”阶段。

四十多岁时，鲁国的一些家臣专权，孔子不做官，退隐整理《诗》《书》《礼》《乐》。此时，孔子对人生的进退等问题已经有了比较清楚的认识，此所谓“惕龙”阶段。

五十四岁时，升任鲁国大司寇，行使丞相的职责，后来和实际控制鲁国政权的“三桓”意见不同，开始周游列国，经历各种挫

折，但坚持自己的政治理想，此所谓“跃龙”阶段。

六十岁时，在郑国都城与弟子失散，孔子独自在东门等候弟子来寻找，被人嘲笑，称他颓丧的样子如同丧家之犬，孔子欣然笑之，坦然听之，此所谓“飞龙”阶段。

六十八岁回到鲁国，当权者对孔子敬而不用，孔子整理文献、致力于教育……此所谓“亢龙”阶段。

读到这，能大概了解一个成功人生的过程，在家学建设中得出一些原则性的人生哲理。如人生是一次长跑，要有长远的规划；人生的挫折是正常的，有时成功之时也是挫折之际；人生要对自己志向有永恒的坚守，不可以因外界的影响而改变；不该展现才华的时候一定要注意收敛，准备发挥才能的时候一定要谨慎行事；谁也不是常胜将军，世俗成功是一时的，生命的修养是永恒的。

有了“经”与“史”的浸润，家学就有了高境界与大格局，同时也有了脚踏实地的操作性，之后再加上对家族历史的整理以及整理者自己的修养与感悟，家学便初步形成了。

（二）教是阳光，育是土壤

一颗种子植入土壤，先是向深处扎根，之后向阳光生长，这是造化的神奇。神奇的家学具有同样效应，会对孩子产生两个方面的影响：一方面像太阳一样给孩子成长以无限的能量与希望；另一方面像土壤一样给孩子无限的营养与支持。太阳给予能量的过程就是“教”，土壤给予营养的过程就是“育”，两方面的结合就是“教”与“育”的和谐。

“教”就是帮助孩子“知止”。“知止”有两层含义：一是知道成长的空间有多大、方向在何处，即“至”于何处；二是知道成长的禁区在何处，即“止”于何处。简单点说就是何为“可为”，何为“不可为”。《大学》讲“知止而后有定”，育人实践就是让孩子通过知止而心定。孩子处在成长阶段，对世界了解不多，需要外力的引导与规范。

如诸葛亮的《诫外甥书》中云：

> 夫志当存高远，慕先贤，绝情欲，弃凝滞，使庶几之志，揭然有所存，恻然有所感；忍屈伸，去细碎，广咨问，除嫌吝……

“夫志当存高远，慕先贤”，给孩子明确了成长的方向——志存高远，是“有所为”。而“去细碎”“除嫌吝”是说要摆脱琐碎事务，根除怨天尤人的情绪，这是孩子成长的规范，是“有所不为”。

前面讨论过，“育”就是“养子作善也”。养子作善最主要的原则就是“利他”，一棵树的强壮与柔弱，主要取决于它的根系是庞大还是细小，作为养育这棵树的土地，最重要的就是保证自己的湿润与松软，至于树是否愿意扩大自己的根系和种子有关，和是否得到阳光与雨露的润泽有关。育人是同样的道理，一个孩子如果只关注自我，只管索取，不知关注他人，他就没有机会得到更大的舞台。舞台小，自己就无法长大，这就是儒家倡导的育人原则与次序——修身、齐家、治国、平天下。

“教”是给孩子成长的原动力和空间，“育”是提供孩子得以扎根的土壤。原北大校长胡适先生在《我的信仰》一文中回忆父母对自己的影响时写道：

> 我父胡传，是一位学者，也是一个有坚强意志，有治理才干的人。……他对于地理研究，特别是边省的地理，大起兴趣。他前往京师，怀了一封介绍书，又走了四十二日而达北满吉林，进见钦差大臣吴大澂。……吴氏延见他，问有什么可以替他为力的。我父说道：“没有什么，只求准我随节去解决中俄界务的纠纷，俾我得以研究东北各省的地理。”

胡适先生把这段文字放在《我的信仰》一文的开头，可见对其形成自我信仰的影响。胡适先生父亲作为一个普通的读书人有这种担当，且不说是对自己孩子的影响，作为读者的我们看到这一段，也会对如此有担当的士人心生敬意。胡适3岁，父亲去世，母亲接替父亲“教”的职责，《我的信仰》有下面的记载：

每天天还未亮时，我母亲便把我喊醒，然后把对我父亲所知的一切告诉我。她望我踏上他的脚步，她一生只晓得他是最善良、最伟大的人。

据她说，他是一个多么受人敬重的人，以致在他间或休假回家的时期中，附近烟窟赌馆都概行停业。她对我说我唯有行为好，学业科考成功，才能使他们两老增光……

同时，胡适母亲全身心“育”人，胡适先生在《九年的家乡教育》中写道：

我母亲23岁做了寡妇，又是当家的后母。这种生活的痛苦，我的笨笔写不出一万分之一二。大哥从小就是败子，我母亲从不骂他一句……

大嫂是个最无能而又最不懂事的人，二嫂是个很能干而气量很窄小的人。她们常常闹意见，只因为我母亲是和气榜样，她们还不曾有公然相骂相打的事……

我母亲的气量大，性子好，又因为做了后母后婆，她更事事留心，事事格外容忍。大哥的女儿比我只小一岁，她的饮食衣料总是和我的一样。我和她有小争执，总是我吃亏，母亲总是责备我……

父亲的追求与担当，母亲的隐忍与宽容，形成了胡适先生的温润致远的性格，文学家梁实秋评价胡适：

“温而厉”是对他最好的形容。我从未见过他大发雷霆或盛气凌人。他对待年轻人、属下、仆人，永远是一副笑容可掬的样子，就是在遭到挫折侮辱的时候，他也不失其常……

胡适先生的父母哪里是在教育孩子，分明是在教育自己，让自己成为阳光，让自己成为大地，孩子便堂堂正正地立于天地之间，此所谓家学育人之“教”“育”相合，也是孩子成人、成才之达道。

五、人格成长，乾坤之道

《易经》历来被誉为群经之首，是中华文化的总源头，是诸子百家的开始。而乾卦与坤卦是《易经》的开始，代表这两卦主要思想的句子分别是“天行健，君子以自强不息”和“地势坤，君子以厚德载物”。从这个意义上来说，这两句话便是中华文化核心思想的集中表达，因为这两句话阐述了“天”“地”与“君子”人格成长之间的关系——人格成长，乾坤之道。

（一）和谐人格，刚柔相济

智力的开发和人格的成长是孩子健康成长最重要的两个方面，二者既存在较大的差异，又存在着密切的联系。一般说来，智力指在人脑中形成的解决问题和应对事情的基本能力；人格是指个体的经常的、稳定的、本质的心理特征和品质的总和。如果一定要将学校教育和家庭教育做一个分工的话，学校教育似乎应该偏于孩子智力的开发，而家庭教育则偏于孩子人格的发展。

之所以称作智力“开发”而不用智力“发展”一词，是因为一般认为，智力的上限取决于天赋，而底线取决于恰当的教育，而人格和谐可以促进智力潜能的展现。比如忍耐、宽容、乐观、平和、节制、谦逊、守信、自省等人格特点足以促进智力潜能得以充分的展现。形成和谐人格的原则以及和谐人格的标准便是刚柔相济，刚柔相济来自于乾坤和谐，即乾坤之道。

苏轼八岁时在私塾读书，从京师回来的读书人，将这首《庆历圣德颂》拿给了苏轼的老师看，而苏轼在旁边窥视。老师没有怪罪苏轼，而是趁势将诗中人物的事迹讲给孩子。苏轼受到了很强的感染，对范仲淹、欧阳修等人产生了仰慕之情，内心深处对范仲淹产生了一种特殊的向往之情。从此，苏轼便将范仲淹等以天下为己任的士大夫当作自己的人生榜样。

这一过程中，他的老师抓住孩子的好奇心对苏轼加以引导，这是一种很得当的教育方法，值得父母学习。如此，不仅不会伤害孩子的好奇心，反而使孩子很自然地受到了教育。这种以当代杰出的士大夫为楷模的人格教育，是帮助孩子形成人格追求的一种非常可取的引导方式。

苏轼和母亲程氏读东汉《范滂传》，范滂坚持正义与气节，为了不连累朋友，含冤就义，临行前与母亲告别表达愧疚。母亲却大义凛然，时人莫不流泪……读到此苏轼叹息对母亲说："我如果成为范滂那样的人，您会答应吗？"母亲说："你能成为范滂，我难道还不能成为范滂的母亲吗？"①

十岁的苏轼已经有了一定的是非观念，所以提出这样的问题。重要的是程夫人用反问的语气更加坚定了苏轼的选择，这仍然是一种人格教育，这种教育不单单是教育方法问题，而是家长的格局问题、人格修养问题。帮助孩子建立追求是第一步，而帮助孩子百折不挠地坚守追求更加重要，也更加艰苦。

苏轼曾作有一首《天石砚铭》，在这首铭文的序言中记载了这方石砚的来历，并附上了父亲的话：

先君曰："是天砚也。有砚之德，而不足于形耳。"

这件事情也是发生在苏轼十二岁的时候，所谓"天石砚"，不过是一块外形奇特的石头，只是可以用来研墨写字而已，而苏洵却称赞这块石头："虽然没有砚的外形，却有砚的品德。"这是父亲在教育苏轼要注重内在的品德修养，强调一个人的内涵比外在的东西更为重要。

将"自强不息"的精神与"厚德载物"的修养合二为一，形成的家

① 原文：（苏轼）生十年，父洵游学四方，母程氏亲授以书，闻古今成败，辄能语其要。程氏读东汉《范滂传》，慨然太息，轼请曰："轼若为滂，母许之否乎？"程氏曰："汝能为滂，吾顾不能为滂母邪？"（《宋史·苏轼传》）

庭文化便刚柔相济、富有弹性，在这种家庭文化氛围下成长起来的孩子容易形成和谐的人格。在具体的家庭生活中，家长要抓住机会鼓励孩子向“天”学习，自我力求进步，刚毅坚卓，发奋图强；向“大地”学习，增厚美德，以身作则，胸怀要像大地一样，包容万物。

一个孩子对自己自强，对他人宽厚，其人格定会不断趋向和谐。和谐的人格促进自己和他人、社会、自然和谐关系的形成，在这种环境下自我的天赋便可以得到充分的发挥，具有和谐人格的孩子也许不会短时间发达，但从长远来看，他的人生定会从容、愉悦，成就他人，从而成就自我。

（二）知情意行，天人合一

从上面苏轼的事例中不难看出：苏洵与程氏夫人对孩子的教育是真诚的，教育行为是自己人格的自然流露，不做作，不矫情。有这样的父母，有这样的家庭文化，才有如此优秀的苏轼。这样看来，家长的和谐人格在家学育人中的作用尤为重要。

和谐人格形成的过程可分为四步：一是对自己和他人、社会、世界的平衡关系充分认可，从而形成和谐的人生观、价值观、世界观；二是当自己和外界的关系处于和谐状态时，自己会不自觉地产生积极、肯定的心理反应；三是当自己以外的人、物、社会、自然的需求与自己的需求产生矛盾的时候，通过理智权衡，坚持和谐，超越自我，消解心理的矛盾；四是在正确认知、情感认可、意志坚守的基础上作出正确的行为反应，这种行为反应长时间发生，就会形成行为习惯。概括起来，这个过程就是“知、情、意、行”不断循环发展的过程。

有人说“中国的圣人有两个半”，孔子和王阳明是其中两个，那半个就是曾国藩。考察曾国藩的一生，基本达到了古人“立德、立功、立言”之“三不朽”的最高追求，但他一生念念不忘的就是自身人格的修养。

古来无与宗族乡党为仇之圣贤。(《曾国藩家书》道光二十四年十二月十八日与诸弟书)

意思是自古以来就没有与周围人或组织为仇的圣贤。人生修养的目的无非和谐二字。内在的,身心和谐;外在的,与人和谐、与天地万物和谐。这种外在的和谐自然是从身边的家人、朋友、同事、邻里乡亲开始的。

“和谐”是中国文化的精髓,孔子教“六经”——《诗》《书》《礼》《易》《乐》《春秋》,其实就是要解决人与家庭、社会、他人、内心、自然相处的问题,《易经》更是用乾坤的和谐启迪生命的和谐,所以品读与践行中国文化是形成和谐人格的有效的方法与途径。

“乾”为“天”,“天”无言,“天”雄健,周而复始,又生生不息。“坤”乃“地”,“大地”宽厚,“大地”包容,“大地”宁静……乾坤之所以永恒,因为它们自强不息,因为它们厚德载物,因为它们和谐运转。和谐人格的养成就是将这两种精神内化为自己的修养,之后推而广之,形成和谐的家庭文化。如何将和谐的家庭文化应用于育人实践中?其实孔老夫子早已告诉了我们答案.

吾有知乎哉?无知也。有鄙夫问于我,空空如也。我叩其两端而竭焉。(《论语·子罕》)

意思是当我不知道如何回答人家的问题时,我便叩问他所提出问题的两端,之后可以慢慢找出答案。比如一杆秤,最大点和最小点就是两端,两点之间找到合适的位置挂上秤砣,只要使秤杆平衡,问题就解决了。其实也就是找到问题所在的领域,然后找到这个领域的边界,之后在边界以内找到合适之处便可,所以有“叩其两端而执其中”的说法。“执中”不是中间,而是找到合适的位置。因此,家学育人的实践就是以和谐的家庭文化恰到好处地培养孩子和谐人格的过程。

以和谐家学育人实践的两端,一是“乾”的“教”,用积极向上的要

求去影响和规范孩子行为，形成习惯，最后内化为内在的动力；二是“坤”的“育”，用博大的爱去为孩子的成长提供养分，同时接纳与包容孩子成长过程中的失误。两端之间的自由往来便是家学育人的智慧。

六、书案竹影，砚池泉声

家学育人的根本目标是促进孩子和谐人格的养成，和谐就是“中庸”，“中庸”不是骑墙派，不是中间派，而是恰到好处，孔子曾这样评价自己：

人皆曰予知，择乎中庸而不能期月守也。（《中庸》）

意思是说“人们都说我聪明，可是选择了中庸却不能坚持一个月的时间”，可见中庸之难。但和谐人格的养成与坚守更难。坚守的最根本的方法，是最笨拙的方法，就是坚持诵读经典、践行乾坤之道，坚持“教”与“育”的和谐。下面一首诗可以经常读一读，有助于做到坚守。

扫码跟随音频吟诵

题弟侄书堂

唐　杜荀鹤

何事居穷道不穷，乱时还与静时同。
家山虽在干戈地，弟侄常修礼乐风。
窗竹影摇书案上，野泉声入砚池中。
少年辛苦终身事，莫向光阴惰寸功。

何事居穷道不穷，乱时还与静时同。

家学育人的终极追求是“近道”，是尽可能的接近天道，天道就是乾坤之道，就是和谐之道。“居穷”代表环境的不如意，但这不如意恰好是磨炼意志的良药，一个“同”字，使得对道德追求提高了一个境界，不管顺境与逆境，就是不在乎环境，内心只有“道”。

家山虽在干戈地，弟侄常修礼乐风。

“干戈”与“礼乐”，具有反差的两个词，表现为面对社会动荡，内心依然可以保持淡定、悠然。一个“虽”字，见其无畏，一个“常”字，见其坚守。“礼乐”是说育人实践的主要内容：“礼”，是规范，靠“教”来引导形成习惯；“乐”，是天籁的潜移默化，是用天道去化育的重要载体。

窗竹影摇书案上，野泉声入砚池中。

有“窗”可以将自己的视野引向更广阔的空间，可以摆脱小我，拓展格局。有“竹”可见自然之高洁与出尘，东坡云：“宁可食无肉，不可居无竹，无肉使人瘦，无竹使人俗。”有“书案”，可以与圣贤沟通与交流，一个“遥”又将圣人之言语与天体融为一体。此为“乾”的“教”化。

“泉”如佩环清脆、空灵，“野”更见其自由与天然，这是“乐”的源泉，是“天籁”最好的诠释。小小一盒“墨”，文思满“池”塘，乾坤注笔端，蛟龙出汪洋，着一“池”字，境界全出。再加上简单一个“入”字，将“野泉”注入“砚池”，使“天”与“文”有了连接的通道——这就是“坤”之化育。

少年辛苦终身事，莫向光阴惰寸功。

“辛”的原意是“用刀斧劈开原木”，引申为“开辟性的事物”。“苦”是一种味似黄连的荼草，一种药用植物。辛苦当然不如享受舒服，但古往今来，无数有识之士却历尽艰辛，初心不改，就是因为要找到这“古老的植物”，“轮斧劈开原木”其实就是成语“披荆斩棘”“继往开来”的内涵。

总而言之，不忘初心，勇敢追求；不负光阴，坚持追求，才可以完成家学育人之圆满。

拓展阅读

孔子的“中庸”回答

子谓子贡曰:“女与回也孰愈?”

对曰:“赐也何敢望回?回也闻一以知十,赐也闻一以知二。”

子曰:“弗如也,吾与女弗如也。”

这是《论语·公冶长》中的一段记载,讲的是孔子和弟子子贡的一段对话。孔子对子贡说:“你与颜回哪一个强些呢?”孔子怎么会突然这么问子贡?当时子贡富可敌国,口才好,又是大外交家。他到哪个国家,国君都会亲自接见,且与之同坐。可以说是当时国际的风云人物,甚至有人认为他的成就胜于孔子。而颜回呢?只是“一箪食,一瓢饮,居陋巷”,跟子贡有天壤之别。孔子担心子贡,是爱护他、点拨他,也是想知道子贡自己心中是怎么想,所以才这么问。

子贡表示自己不如颜回,回答说:“我怎么敢跟颜回比呀!”接着说出原因:“颜回闻一而知周遍,始终无遗。而自己只是了解一事一物的对立两面,由此及彼罢了。”

孔子听了以后,即为颜渊修养和智慧而自豪,又为子贡的自知与真诚而高兴。但如何回答却是一个难题,如果表示赞成,子贡肯定会很失落,如果不赞成,又歪曲了事实。但孔子毕竟是孔子,真诚地说:“你是不如颜回,我与你都不如颜回啊!”既安慰了子贡,又赞赏了颜回,还表达了对自己的评价。这个过程就是乾坤之道,“教”与“育”完美结合的典型案例。

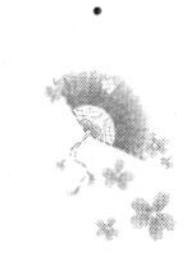

本节思维导图

上教下育，往来乾坤

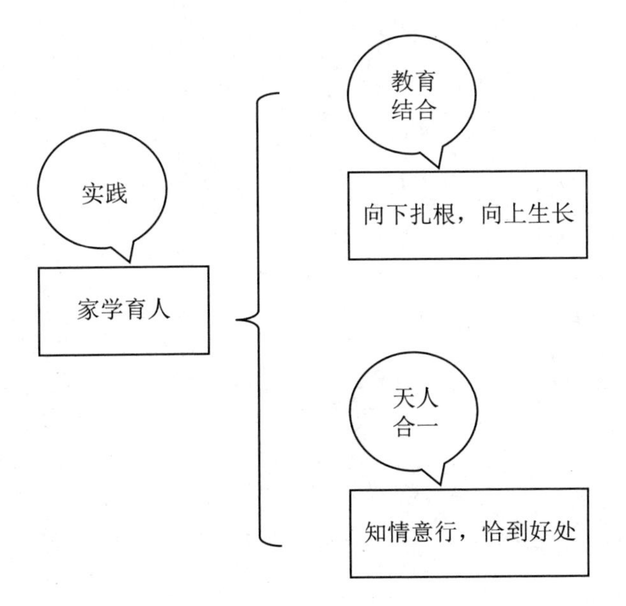

第五章　编写家学文本的思路

本书第二章讲的是“家学建设”，第三章讲的是“家学育人”。但在“育人实践”过程中，这两部分内容是合二为一的，“家学建设”过程就是育人的过程，是家长教育自己、影响家人，“家学育人”的过程也是建设的过程，因为人是文化的核心载体。本书为了解读方便，姑且分开讨论。

如此看来，“家学建设”“家学育人”“育人实践”其实是同时进行的，是三合一的，是有机的整体，体现在具体的家庭生活、学习中。

但为了使家学育人能够具体可感，便于传承，好多家族便形成了家训、家规、家风、家约的家学建设文本，这些文本在家学育人的过程中发挥了应有的作用。

本章就形成家学育人文本提出具体思路，供读者借鉴。

编写家学文本分为三步：一是通过阅读国学经典著作，在中华国学经典中汲取家学育人智慧，形成家庭"家学建设"的指导思想；二是通过收集、整理、讲述前辈故事，在家学渊源中明确家学内涵，形成家庭"家学建设"的思想渊源；三是自身践行民族精神与家学文化，取舍有度，以自己的身心言行引导、影响孩子，形成家庭"家学建设"的具体框架与内容。

一、阅读经典及家学名篇

本书第二章已经讨论过国学经典中有关家学理论方面的核心思想，再回顾一下。

"智慧"的内涵是以不变应万变，不变的是传统国学的"经典"思想，变的是时空环境。

"道德"是明确生命之路，生命的主体可以是一个人、一个家族，也可以是一个民族、整个人类以及任何生命体。生命有"本末"，就是永恒的哲学思考——从哪儿来，到哪儿去。

传统家学育人的"本"是"孝"，就是对祖先的忠诚，而育人的方向是提升"境界"、拓展"格局"。

上面是笔者的思考，读者自己阅读之后可以有切合自己家庭的，更深刻、更丰富的理解，这些理解可以给自己的家学建设与家学育人提供坚实的思想基础。可以经常读的国学经典名篇有《大学》《中庸》《论语》《老子》《孝经》等，古代著名的家训有西周周公的《诫伯禽书》、西汉刘邦的《手敕太子书》、司马谈的《命子迁》、三国刘备的《敕刘禅遗诏》、诸葛亮的《诫子书》、南北朝颜之推的《颜氏家训》、唐代李世民的《诫皇属》、北宋包拯的《包拯家训》、北宋欧阳修《诲学说》、明末清初朱柏庐的《朱子家训》等。

下面是首期"家学育人"课程班班长袁兰英女士阅读经典的体会,供读者参考。

学始于知,贵于行,难于传

中华文明几千年的传承与发展,积淀了博大而深厚的传统文化和学问。在思想层面,形成了入世和出世相统一的中国哲学,在具体的实践中,中华文明孕育了将个体、家庭、社会、国家和自然和谐统一的教化体系,将治国之学和治家之学高度统一,形成了"内圣外王","修身、齐家、治国、平天下"的治学之道。

这个体系是如此丰富,既有经、史、子、集这样的国学精华,也有《诫子书》《颜氏家训》这样的家学经典。经过几千年的洗礼、沉淀,这些国学、家学的经典愈加焕发出强大的影响力。因此,对国学和家学经典,首先要抱有一种积极学习的心态,真正去领悟先人的智慧。所以说"学始于知"。

在当今社会中,虽然非常多的人都在表面上认同经典国学的思想和智慧,而且或多或少都受到其影响,但真正能实践到位的却并不多。就如对于"百善孝为先"这句话,应该说绝大多数中国人都是认同的。可是在现实生活中,至孝之人并不多见,能做到"孝子之养也,乐其心,不违其志"的人也很少。事因难能,所以可贵,如果能够理解到国学的智慧,并将之付诸实践,做好自己,引导家人,就已经不容易了。所以说"学贵于行"。

最难的还是在于这种经验和智慧在一个家庭,甚至在一个民族中的传承。这一方面,是由于政治、经济、社会和技术这些外部环境正在发生快速而巨大的变化,对中华传统文明重要传承基础的宗族、家族制度和体系产生的不可逆转的重大冲击;另一方面,在文明日渐包容的大背景下,个体思想极大解放,各类

信息爆炸式增长，东西方文明的交融也让观念的选择变得多元；而传统国学、家学的语言障碍、说教模式、圣贤要求也让许多家庭感觉陈旧过时，甚至心生畏惧，敬而远之，更不用说要代代相传了。所以说"学难于传"。

因此，尽管自进入20世纪以来，传统国学家学几经浮沉后，又重新焕发勃勃生机，但还是面临着不小的挑战。如何在文化愈加开放包容、科技影响愈加快速深刻、个性愈加自由平等的时代趋势下，将经典国学与家学智慧发扬光大并形成新的传承模式，需要个体、家庭、社会的共同努力和积极探索。

家学智慧的发扬和传承，一是需要个体和家庭的积极实践。这里很重要的一点是要善于去伪存真。在几千年积累的汪洋典籍中，既有"夫志当存高远""为天地立心，为生民立命，为往圣继绝学，为万世开太平"这样的远大胸襟，又有"人为财死，鸟为食亡""人不为己，天诛地灭"这样的利己主义；既有"淡泊以明志""天将降大任于斯人也，必先苦其心志"这样的逆境激励，也有"夫妻本是同林鸟，大难临头各自飞""各家自扫门前雪，莫管他人瓦上霜"这样的消极处世。对个体和家庭来说，从传统文化中汲取积极、向上、合作、包容的内容，去其糟粕，取其精华，发现其中的真、善、美，这才是正确的学习和实践。

二是需要整个社会推进共识。正所谓"近朱者赤，近墨者黑""上梁不正下梁歪"，一个家庭的价值传承，不仅要"言传"，更重在"身"。可喜的是，在国家强调文化自信的今天，对优秀传统的传承已经逐步形成共识。"民齐者强""上下同欲者胜"，优秀传统也必会在重塑中国这个大家庭的道德情操、凝聚全民力量中起到关键作用。

三是要强化传统与现代的融合，努力创造传统家学的现代形态。两千年前的《诗经》有云"周虽旧邦，其命维新"，是大力支持因时而变的。在农耕文明已转到工业文明，并已进入信息文明的新时代，家学也需要融合现代科学的发现、西方文明的先进智慧，才能更加具有影响力和生命力。在这一点上虽然仍旧充满挑战，但也可以做一些大胆的尝试和探索。

总的来说，对于一个家庭，抱有正确的学习心态，在浩瀚的经典家学精髓中取其一二，言传身教，并最终形成阖家认同的家学智慧；而对于整个社会，因势利导，与时俱进，形成热爱传统、推陈出新的局面，展现经典国学穿越时空的无穷魅力。我们不仅期待着，同时也在为之努力着。

（节选自孙袁立家长袁兰英《学始于知，贵于行，难于传》）

二、收集长辈及祖先故事

前面讨论过，家学育人绝不是家长对孩子的简单教育，而是使每一个家庭成员置身于民族的传统文化之中、置身于家学渊源的氛围之中，在所有家庭成员成长的同时，孩子也得以成长。先秦荀况《荀子·劝学》有“蓬生麻中，不扶而直”的说法，意思是蓬草长在麻地里，不用扶持也能挺立住。所以，家庭成长氛围的营造，更准确地说是家学文化的传承，是家学育人的最根本的工作。

同理，家学的传承也绝不是长辈简单地将家训等文本转交给晚辈的过程，而是长辈带领晚辈共同坚持家庭的价值观、共同践行家学文化的过程，是一种实践的传承过程。正因如此，写在家学文本的每一句话的背后都有几代人鲜活的故事。但是如果没有及时收集与整理，这些故事便会随着长辈的离开而被后辈淡忘，岂不可惜。一来失去了家学育人生动的素材，二来失去了家学文化践行的经验。对于重新建设家学文化的家庭来说，失去了提炼家学文化的具体依托，这尤为可惜。

可见，收集长辈及祖先的故事，对于家学的建设尤为重要。作为家庭中的中年家长，要经常与父母聊聊长辈的故事，同时以文字、音频、视频等形式保存下来，不断地整理、提炼，为自然形成家庭的价值坚守提供依据，以免写出来的家学文本成为“空中楼阁”。

家长经常给孩子讲述家族中长辈的故事，让孩子在听故事的过程中了解家族历史、长辈的品德，增加自己对家族的责任感，在家学渊源中寻求自己成长的动力，明确人生的方向，从而达到育人的目的。

下面是第二期家长课程班班长邓丽萍女士讲述的自己家族家学渊源的故事，供读者借鉴。

言传身教，孝悌忠信

“首孝悌，次见闻。”(《三字经》)人生急当首务者，莫大于孝悌，故人事亲事长，必要尽其孝悌，孝悌乃一件大事。其次一等是多见天下之事，以广其所知，多闻古今之理，以广其所学。

我出生于一个四世同堂之家，父母忙于工作，小时候大部分时间都是我的太婆、爷爷、奶奶照顾我，从父母的口中依稀听过，曾经的我为了要吃的拉破太婆的衣服；奶奶没有爷爷那般重男轻女，出去吃酒席只带我而不带我几个堂弟，因为我听话。如今三位都已封进了黑白相框，每每回忆总是会热泪盈眶。太婆喜好吃河鲜，九十多岁的时候自己吃不动大闸蟹，我爸总是单独帮她把肉剔出来放碗里，她会乐呵呵地说：“今天又吃蟹啊！”但凡吃到枇杷，我必定会想到小时候爷爷奶奶用洁白的蚕茧换回来的黄澄澄的枇杷，这种幸福的滋味也早已定格。

爷爷、奶奶育有三男一女，从未见他们对三位老人有任何不敬。我的父母都是各自家族的老大，所以他们肩负的使命也比较多，双方的老人上了年纪，都做过手术，我爸、妈全是鞍前马后，出钱出力，没有任何怨言。我毕业后工作的第一笔工资就分给了几位长辈，提笔至此，细细回想，好像爸爸从来没有在言语上教我要如何孝顺，应该说从小到大家里的分配流程大致如此，有好的东西会先给长辈送去。

我老公对他父母也是极为孝顺，因为老人住在老家，基本上每天中午会打个电话回去，嘘寒问暖。现在有了视频聊天，拉着两个孩子一起，如同古代请安，这点我非常赞赏。

大儿子开始懂事后，每年的大年三十晚上会让他拿红包给长辈，感谢他们一年来辛苦照顾我们。平时但凡家里有他觉得好吃的，他都会留出一部分来给我们，爸爸过生日也主动掏出零花钱请爸爸吃大餐，他对弟弟也是极为忍让，并不是我们偏袒小的，而是他觉得他应该有哥哥的担当，朋友的孩子也都喜欢跟他一起玩，因为他很会照顾他们。我想最起码这孩子的品行应该不会差。

《论语》中孝的内涵，不仅要奉养父母，还要友于兄弟，夫妻和睦，父子、兄弟同属天伦，兄弟之间能友恭相处，也是对父母的孝行，我觉得我爸做到了，我老公也做到了！对于孝子贤孙的理解大致如斯吧。

《孝经》里说孝顺就是顺应父母的需求，只有顺从达到了极致，才可以通达于神明，光照于天下，任何地方都可以感应相通，做任何事情都能成。

其实“孝”对于大部分中国人来说还是比较容易做到的，但是“顺”并不见得那么容易。毋庸置疑，我是爱我的父母的，但反思我和父母沟通的时候经常会表现出不耐烦，已经不知道从什么时候起，这两座山不再伟岸，他们在我们面前变得小心翼翼。

有人说真正的成熟与年龄无关，而是从原谅父母的不完美开始。那孩子的不完美呢？子女之于父母视为孝，父母之于子女视为爱，都是不求回报。曾经有个笑话：有种笨鸟，自己飞不起来，就下个蛋，要下一代使劲飞！每位孩子尚在娘胎便带着父母的诸多期许，我也不例外，而且还买了双保险，生了两个！我爱他们，希望他们能够比祖辈更成功！反思自己在他们面前表现出来的喋喋不休，已经渐渐得变成左耳朵进右耳朵出，我似乎已经被屏蔽了。好像我在指责他们做得不好的时候并没有给他一个正确的做法，更别说陪着他一起去好好改正这个错误！我始终站在自己的角度去看待同一个问题，是时候弯下我的腰，顺着孩子的眼光去向前看了。父母的言传身教在任何时候都比命令更有效。真正的爱是能够给予他们飞翔的本领，带着他们一起翱翔于天空！

（节选自曹盛越家长邓丽萍《省·悟》）

三、选择自身取舍并坚守

家学文本建立的前两步，一是汲取民族国学传统文化的智慧，二是吸收家族文化的精华，而第三步是在承接民族文化与家族文化之后的发扬与创造。在这个过程中家长要对现今的各种文化思潮，依据家族文化与自身的人生体验作出相应的取舍，之后去坚守。

从1979年到现在的四十多年来，我国社会迅速发展，实现了从农业时代到工业时代，再到信息时代以及智能时代的跨越，同时，东西方文化也实现了深入的交流与碰撞，这一切给人们的思想与价值观带来了巨大的冲击。空间层面，世界正处于大发展、大变革、大调整时期。基于这样的时空形势，汲取民族传统文化的智慧与家族文化的精华尤为重要，之后要在各种价值取向中智慧选择，在“道”与“德”、“本”与“末”、“思”与“想”、“情”与“理”、“文”与“质”、“忠”与“恕”等矛盾统一中确定自我家庭的文化取向与融合的尺度，之后智慧地坚守，最终形成家学文化，显现于文本，落实于生活与学习之中。

下面是第二期家长课程班学员班委姜岚女士讲述“文化选择”与“如何坚守”的故事。作为实例，供读者参考。

从坚持到坚毅

怀孕时和先生讨论给孩子起名的问题，当时正好在看《明朝那些事儿》系列丛书，很喜欢心学集大成者王守仁先生的这一经典名句“知行合一”，就拿来做儿子的名字了，也是希望孩子能像中国古代哲学家理解的那样，不仅要认识（知），还应当实践（行），只有把“知”和“行”统一起来，才能称得上“善”。

迁移到育儿家学方面，我们觉得对孩子的教育一定是持之

以恒的行动导引，既不能一味说教，也不能强制压迫、独断专权；希望孩子所学的东西要能在现实生活中解决问题，而要解决那些大的问题，必须坚持从每一件小事开始；如果觉得某个习惯或某件事对孩子有利，哪怕再难再苦，也要坚持。

我从怀孕伊始就养成了每天弹琴的习惯，本想借音乐胎教来熏陶一下儿子的音乐细胞，无奈6岁之前的他从未主动要求学习钢琴，就在他上了小学之后，我也差不多断了这个念想时，儿子的班主任却开启了这扇大门，她是音乐老师，每次班会课或音乐课前都会邀请会弹琴的同学演奏几曲助兴，这无疑激发起小朋友的好胜心和表演欲。不过定期举办的全校音乐会是有“门槛”的，一年级必须具备钢琴三级证书才有报名资格。

于是儿子破天荒要求学钢琴，第一次到钢琴老师家就说：“我要考三级！”老师估计也吃了一惊，因为每个到她家里学琴的孩子，大都是“被逼无奈”，从未有主动要求考级的学生。就这样，我也开始了“被套牢”的漫漫陪练之路……家有琴童的家长一定深知其间的诸多辛酸与坎坷，亲子关系也一度被破坏到临界点，每每陪练大战时，儿子也曾赌咒发誓：“考出 10 级后就再也不弹琴了！”

由于这个“考级”指标是儿子自己制定的，所以他一边会自言自语“自作孽不可活”“不作死就不会死”，一边还是心甘情愿地放弃每年暑假7月份的出游，花精力、花时间奋战在叮叮咚咚的黑白琴键中。就这样，小学连续五年间一路从3级考到8级，在五年级毕业的那个暑假，他拿到了10级证书。

如果真的说钢琴考级有啥用处吧，也真没多大用，既不能高考加分，也没啥入学优惠，但我觉得对小朋友来说，最大的收获可能并不在于那张薄薄的证书，而在于一个孩子为了兑现自己的承诺，愿意在这么长的时间里坚持练习枯燥的技能，从而最终通过不懈地努力，获得了肯定。我想，这段“坚持练琴”的经历对他而言，应该是弥足珍贵的吧？

现在的他，读书疲惫时、上床临睡前，都会戴上耳机，摇头晃脑地播放网上搜来的钢琴曲，美其名曰“放松一刻”；每每上海有钢琴家举办独奏音乐会时，我也会和他一同前往聆听，某次“斗琴”音乐会更是让他至今津津乐道，对两名德国钢琴家出神入化的弹奏技巧叹为观止。

曾经有段时间，有个词汇在教育界非常火——坚毅，我还专门去买了安杰拉写的这本书，书里介绍的是“坚毅”这一品质所蕴含的力量，它能帮助你实现自己的潜能，我们所做的事很大程度上取决于我们是否足够“坚毅”，它包括为完成长期目标所具备的热情与坚持，但对天赋的迷信却往往让我们无法看到这一简单的真理；同时**“坚毅”还体现在如何拥抱挫折**。这是育儿历程中非常需要的内容。

我联想到儿子学琴这段经历，如果用“拥抱挫折”来形容某个事件的话，就是一次铩羽而归的乐理考试。其实中级乐理对一个四年级的孩子并不难，考试失利后我给他请了私教上门辅导，老师惊讶地发现他都懂，而当时之所以和及格线失之交臂，就在于不良的书写习惯，五线谱上的音符稍微潦草一点的话，阅卷老师就很容易将其归为错误。吸取这次失败教训的儿子，再次补考时，他写字就规矩多了，而听力基本放弃的他居然还获得了“优良”的好成绩。

我觉得这次乐理不及格的“挫折”对儿子来说，真的“太好了”！这次“不及格”所达到的效果，比我们和他说教“好好写字”一百遍要来得更管用。

“坚毅”这一理念让我也觉得豁然开朗。其实人的一生想要什么是不断变化的，“自己真正想要什么”这个问题并非有那样大的意义和决定性。一切只有你付诸行动，进入到这个选择中，你才能够清晰地回答这个问题。而你面临的最重要课题，并非是“我如何能够一次性作出正确的决断？”而是“要是我做错了，我会怎么看待自己？”

（节选自范知行家长姜岚《鲲鹏激浪从兹始，此心安处在进华》）

四、编写与修订家学文本

前文所说的三个方面整理好了之后就可以开始编写、整理家学(包括家训、家规、家风、家范等)的具体文本了。三个方面思想上一以贯之,从民族的文化到家族的思想,再到自己的价值取向,形成脉络,自我坚守,在坚守的过程中实现育人的目的。

同时,家学文本也是一个不断修订的过程,需要每一代家长在实践中丰富其思想与要求,之后及时修订。

下面是首期家长课程班学员芦巍女士对上述三个方面进行的总结,同时,初步总结出自己家庭的家学文本。作为实例,供读者参考。

丘垄欲无憾,琴书付与儿

二十多岁时,看过一部电影《世界上最疼我的那个人去了》,斯琴高娃和黄素影两位非常优秀的女演员把母女间那种深刻到骨的至爱亲情与烦怨纠结表演得丝丝入扣,虽然那时还未经历过长辈的远行,但这片名也让人想想就害怕失去,至今从未敢再看一遍。

后来,又在为人女、为人母的路上走了这么些年,读到《诗经》中的《蓼莪》,不禁潸然泪下。"父兮生我,母兮鞠我。拊我畜我,长我育我,顾我复我,出入腹我。欲报之德,昊天罔极。"可不就是这样吗!在爱里长大的孩子,不都是这样被父母呵护、保佑着才能走到今日的吗?而孩子对父母之恩却又总是难报万一。

那天老师又讲到《弟子规》中的"首孝悌,次谨信。泛爱众,而亲仁",如果让我选一位做到这些的身边人,父亲是我的第一人选。

父亲兄弟姊妹五人,未及成年,祖父病故。父亲虽为次子,但很有担当,事母至孝。在比郎现在大不了几岁的年纪,他选择好自己的道路,之后的入伍退役、就业成家,均自己安排妥当,未

让祖母再为其操心操劳。兄弟姐妹乃至母亲这边的亲友，有大事小情都会与父亲商量，父亲也都会尽心尽力帮他们出谋划策，调停得当。无论祖母还是外祖父母，对父亲都很为倚重，可以说父亲就是祖母的骄傲。

对于同事、战友、同学、朋友，父亲也总是以诚相待，言而有信。有一次，父亲一位老友家中出事，父亲帮他全力奔走，让母亲都忍不住唠叨：怎么这么不惜力。后终于助其脱困，这位叔叔和妻子来家中道谢，父亲也只笑呵呵地说都是好战友，都是应当的，与叔叔饮酒不提。

父亲是个坚强的人，但心又很软。我只见过他两次落泪，都是在他英年早逝的战友和朋友的葬礼上，小小的我，那时刚刚懵懂地听到过“男儿有泪不轻弹”，大约也知道，父亲的泪是对朋友的义重情深。

那时因为工作关系，虽然父亲也经常出入华堂，但对单位最普通的来自农村的工人师傅也依然尊重有加。过去没有物业维修，外面也没有什么维修店铺，家里的水电出了故障，父亲会请单位的师傅到家帮忙修理，每次也都会置办好酒菜招待一番，接人待物甚为有礼。

这些都对我有潜移默化的影响，在我从小到大的学习和工作生活中，每个阶段也都因为父亲予我的这些善因，收获了至今仍予我温暖的宝贵友谊与融融的人际关系。

父亲不会跟我讲什么大道理，但他会在我身心发生变化、有困惑时，用他干燥温暖的大手，拉着我的手出来散步，跟我讲他所了解的这个世界，他所了解的这些、那些人是怎样的，他也只需这样淡淡的一句，就无形地给他的女儿进行了底线教育，让她知道什么是“知止”，让她在以后的道路上不至于行差走偏。

父亲予我的种种，更多的是在人生的基底与大道上，母亲的给予则是具体而微，直到今日，我着急出门时，她也会下意识地站在旁边，帮我拢一下头发，仍会让我心里一颤：我的老妈妈呀！

小时候大概因为长得快，有一阵心脏出现过心律不齐，按当

时的政策，父母可以再要一个孩子，成年后曾问过母亲："有没有想过当时我会怎么样？为什么不再要一个孩子呢？"母亲则很坚定地说："从来没想过你会不好，就是觉得一定会好。"但是，母亲还是与人打听，求得偏方一副，认真煎制，监督我一口口吃下，后来也不知是偏方起了作用还是果如医生判断，到初中时，一切正常，我想那时母亲心里的这块石头也终于落了地。

有一年我生病住院，不巧身边人都不在上海，只有老母亲一人照顾起居不便的我，住院一周，母亲几乎不离我左右，夜晚则在我的病床旁用椅子拼出一张硬硬的"床"，和衣而眠。

至长子出生，母亲更是视若珍宝，大包大揽，到现在，哪怕不再亲手参与，对两个孩子的饮食起居仍时刻挂心。而我们现在如果需要外出，不便带二宝时，跟母亲交代一声就可放心出门，母亲就像是我们心里的定海神针。

当我们真正为人父母后，教育我们的孩子，我们发现仅仅有满到要溢出的爱还远远不够。古人云："道德传家，十代以上，耕读传家次之，诗书传家又次之，富贵传家，不过三代。"在身边的赤子日益长大，而自己却总有一份焦虑隐隐不明时……这种体会也逐渐加深。

及至今秋，进入学校主办的孙老师的"国学经典与家学智慧"课堂，在聆听这位为学生、为家长谋深远，对国家、民族乃至人类仍抱有一腔赤诚的当代儒者的一堂课后，之前的那些漂浮的隐虑、不安与遗憾如遇春风化雨，留下一片清明。

是啊，身为一个中国人，一个有阅读习惯的人，为什么不去认真学习这些经过无数中国读书人筛选出的经典文籍，不用这些去帮自己和孩子建立立身之本呢？

这个年代的人似乎羞于谈理想、谈志向，成功的标准也似乎越来越单一指向物质的丰富，"志存高远""为中华之崛起而读书"这样的话，更像是宣传语。"为天地立心，为生民立命，为往圣继绝学，为万世开太平"这样的雄心与阔达更是少闻有少年立为座右铭，人似乎越活越"小"了。在这个"小"里走下去，他以后能

得到真正的快乐吗?

这不正是我们一直在寻找的吗?就像老师说的,如果一个孩子读懂了这些,做到了内外和谐,那我们还有什么好担心的?再反思之前孩子、自己身上的那些不和谐,归根到底,还是自己的内观不足,做得不好,虽不至于数典忘祖,但也不曾立过为一个家庭、一个家族谋十世之传的心,归根到底,原因都在我们自身。

于是,这两日在家中,我将书架里的国学书籍一一搬到书桌上,打开电脑,给孩子们和自己做了一个小小的阅读计划。靡不有始,鲜克有终。人到中年,时光越发不容虚掷。就这样,开始,并坚持下去吧!

有良好家风的家庭多有家训,吾族祖辈之训,时空距离遥远不可考,不若自吾辈始新拟之。诸名家家训如颜、钱、朱、曾等皆尽善尽美,珠玉在前,宜多研读借鉴,修身正己,教养子孙。现录目下所感要者若干为育子齐家之警策,日后深思之引:

知孝义,爱兄弟。明事理,亲友朋。

守仁心,多行善。常自省,勤加勉。

好读书,读好书。量宜宽,志宜远。

性宜达,品宜高。勇而不鲁,勿贪勿奢。

守中持正,勿躁勿骄。

(选自上海华东师范大学附属进华中学《经典凝香,家风传承——家长文集(第一期)》)

附　录

家学建设的目标是家学文化的传承与发扬，家长与家庭成员整体素养的提高，个体人格的和谐发展，整个家庭乃至家族处于良性发展的状态，这些目标的达成，属于隐性家庭文化的范畴，将建设过程的思考用文本整理出来，便形成家训、家规、家风、家约等家庭显性文化。

以下列举古代有影响力的两篇“家训”，分别是《钱氏家训》和《朱子家训》，供读者学习。再附两篇现代家族的家学文化文本，一篇是历史悠久的荀氏家族新整理的《家训》，另一篇是自觉整理、践行家学文化的荐氏家族的《家约》，供读者在家学建设中参考。

一、钱氏家训

2021年,《钱氏家训》被列入第五批国家级非物质文化遗产代表性项目名录。《钱氏家训》源于五代十国时的吴越国王钱镠及其后人的家训和遗训,分为个人、家庭、社会、国家等四个篇章,共634个字。《钱氏家训》具有三大核心价值:善事国家、重德修身、崇文尚学。

个人篇

心术不可得罪于天地,言行皆当无愧于圣贤。

曾子之三省勿忘,程子之四箴宜佩。

持躬不可不谨严,临财不可不廉介。

处事不可不决断,存心不可不宽厚。

尽前行者地步窄,向后看者眼界宽。

花繁柳密处拨得开,方见手段;

风狂雨骤时立得定,才是脚跟。

能改过则天地不怒,能安分则鬼神无权。

读经传则根柢深,看史鉴则议论伟。

能文章则称述多,蓄道德则福报厚。

家庭篇

欲造优美之家庭,须立良好之规则。

内外六闾整洁,尊卑次序谨严。

父母伯叔孝敬欢愉,妯娌弟兄和睦友爱。

祖宗虽远,祭祀宜诚;子孙虽愚,诗书须读。

娶媳求淑女，勿计妆奁；嫁女择佳婿，勿慕富贵。

家富提携宗族，置义塾与公田；

岁饥赈济亲朋，筹仁浆与义粟。

勤俭为本，自必丰亨（古同烹）；

忠厚传家，乃能长久。

社会篇

信交朋友，惠普乡邻。

恤寡矜孤，敬老怀幼。

救灾周急，排难解纷。

修桥路以利人行，造河船以济众渡。

兴启蒙之义塾，设积谷之社仓。

私见尽要铲除，公益概行提倡。

不见利而起谋，不见才而生嫉。

小人固当远，断不可显为仇敌；

君子固当亲，亦不可曲为附和。

国家篇

执法如山，守身如玉。

爱民如子，去蠹如仇。

严以驭役，宽以恤民。

官肯著意一分，民受十分之惠；

上能吃苦一点，民沾万点之恩。

利在一身勿谋也，利在天下者必谋之；

利在一时固谋也，利在万世者更谋之。

大智兴邦，不过集众思；大愚误国，只为好自用。

聪明睿智，守之以愚；功被天下，守之以让；

勇力振世，守之以怯；富有四海，守之以谦。

庙堂之上，以养正气为先；海宇之内，以养元气为本。

务本节用则国富，进贤使能则国强，

兴学育才则国盛，交邻有道则国安。

（《钱氏家训》文本由上海钱镠文化研究会提供）

二、朱子家训

《朱子家训》也称《朱柏庐治家格言》，作者朱柏庐为明末清初江苏昆山县人，著名理学家、教育家。思想植根深厚，含义博大精深，是三百年来特具影响力的，也是内容非常详尽的一部“治家”规范书。

黎明即起，洒扫庭除，要内外整洁；

既昏便息，关锁门户，必亲自检点。

一粥一饭，当思来处不易；半丝半缕，恒念物力维艰。

宜未雨而绸缪，毋临渴而掘井。

自奉必须俭约，宴客切勿留连。

器具质而洁，瓦缶胜金玉；饮食约而精，园蔬愈珍馐。

勿营华屋，勿谋良田。

三姑六婆，实淫盗之媒；婢美妾娇，非闺房之福。

童仆勿用俊美，妻妾切勿艳妆。

祖宗虽远，祭祀不可不诚；子孙虽愚，经书不可不读。

居身务期质朴，教子要有义方。

勿贪意外之财，勿饮过量之酒。

与肩挑贸易，毋占便宜；见穷苦亲邻，须加温恤。

刻薄成家，理无久享；伦常乖舛，立见消亡。

兄弟叔侄，须分多润寡；长幼内外，宜法肃辞严。

听妇言，乖骨肉，岂是丈夫？重资财，薄父母，不成人子。

嫁女择佳婿，毋索重聘；娶媳求淑女，勿计厚奁。

见富贵而生谄容者，最可耻；

遇贫穷而作骄态者，贱莫甚。

居家戒争讼，讼则终凶；处世戒多言，言多必失。

勿恃势力，而凌逼孤寡；毋贪口腹，而恣杀生禽。

乖僻自是，悔误必多；颓惰自甘，家道难成。

狎昵恶少，久必受其累；屈志老成，急则可相依。

轻听发言，安知非人之谮诉，当忍耐三思；

因事相争，焉知非我之不是，须平心暗想。

施惠勿念，受恩莫忘。

凡事当留余地，得意不宜再往。

人有喜庆，不可生妒忌心；人有祸患，不可生喜幸心。

善欲人见，不是真善；恶恐人知，便是大恶。

见色而起淫心，报在妻女；匿怨而用暗箭，祸延子孙。

家门和顺，虽饔飧不济，亦有余欢；

国课早完，即囊橐无余，自得至乐。

读书志在圣贤，非徒科第；为官心存君国，岂计身家。

守分安命，顺时听天；为人若此，庶乎近焉。

（选自《中国古典文学荟萃（朱子家训·增广贤文）》北京燕山出版社2009年第3版）

三、荀氏家训

在进华中学举办的一次赠书会上，结识了海通证券首席经济学家荀玉根博士。荀先生是“80后”，身材高挑挺拔，面部棱角分明，谦和的话语中充满着坚毅，睿智的眼神中洋溢着平静，经陈校长的介绍，荀先生还有一个特殊的身份——儒家学派代表人物荀子的第七十四代孙。

交谈中，提及本书，荀先生立即表示赞同。后来有了一次深入的交流，荀先生赠《中华荀氏》一书。打开书，晋国第一位相国荀息、文武双全的晋国次卿荀首、先秦百家争鸣的集大成者荀况（荀子）、东汉末年政治家荀彧等历史上赫赫有名的人物映入眼帘，对这一家族的敬意油然而生。这些名人的修养与作为集中地诠释了“内敛淡泊、德尚清远，低调做人、高调做事”的荀宗风范。

当谈到家族文化对自己成长的影响时，荀先生显得有点兴奋，眼里流露出激动的神情：“家族文化对我影响非常大，家族中几个长辈都是大学生，所以，我从小就立志成为这样的人，要读书，要成为一个学有所成的人。长大了一些，听长辈讲自己是荀子的后代，内心深处不知不觉地增加了一股力量——在后来的学习与工作中遇到困难时，这力量就会告诉自己，我是荀子的后代，不能放弃，这力量促使自己不断追求、不断超越过去。”这就是家族文化的力量。这种力量扩展开来就是民族文化的力量，电影《吉鸿昌》中赵大年的一句台词“咱是中国人，没什么怕的”，就是这里扩展的一个具体表达。

后来，荀先生特地提供了《荀氏家训》与《全球荀氏宗亲会祭荀子文》作为本书传统家庭显性文化与时俱进的一个典型例证，希望可以给读者在家族文化传承与整理方面提供一些参照，更希望每个家族后代以家庭文化修养自己，为自己的家族、为我们的民族作出应有的努力。

下面是《荀氏家训》和《全球荀氏宗亲会祭荀子文》，供具有传统家学的家族在整理、发扬家学文化时参考。

（一）荀氏家训

家，乃国之细胞；国，乃群体细胞之家。天下之本在国，国之本在家。所以，中华民族由来家、国并称。家风，关乎乡风、民风、国风，民族道德基因和精神血脉的延续，是靠一个个基本社会单位——家庭建设来实现的。所以，小家和大家息息相关。

古往今来，历史反复证明并将要继续证明，优秀家风可以使家族名贤辈出、历久繁荣；反之，近则殃及自身，远则祸及儿孙，甚至合族遭殃。所以，家风预兆家族的兴衰荣辱。

家训家规是家风建设和传承的重要载体，也是中华传统文化的重要内容。历代著名家训家规无不与时俱进，浸透着“仁爱之心”“诗书传家”和“天下情怀”，形成香火绵延的淳厚家风。

吾荀氏乃五帝之首黄帝之嫡传，千古宗师荀子之后裔，为弘扬宗风，隆兴姓氏，全球荀氏宗亲会谨修订家训，为天下荀氏之治家准则、立人规范。

第一条：水源木本，尊老孝亲；跪乳反哺，何况为人。慎终追远，常怀祖恩。发扬光大，岁时重温。

第二条：兄友弟恭，合德同心；和宗协族，秩理序伦。淳朋厚戚,睦里敦邻。社会公德,牢记谨行。

第三条:启蒙立人,首在家庭。谨遵祖训,劝学终生。一技专长,百载立身。尊师重道,大义昭明。

第四条:明德弘毅,泛爱立诚。丰家裕国,节用廉身。取财有道,璧金不吞。贫穷志广,富贵体仁。谦虚自牧,宽让怀宁。百业无妨,一体遵行。

第五条:爱国爱家,千秋典型;尽忠尽孝,一脉相承。成仁取义,肝胆乾坤。造福桑梓,惠及宗亲。

第六条:毋忤亲辱祖,毋重男轻女,毋嗜赌行窃,毋好色图淫,毋吸毒酗酒,毋结帮好斗,毋崇洋忘本,毋贪财入彀。不遵“八毋”,非荀子孙。

全球荀氏宗亲会

公元二零一七年八月

(二) 全球荀氏宗亲会祭荀子文[①]

公元二零一七年八月十二日,岁在丁酉年闰六月二十一日,全球荀氏宗亲会代表汇聚古楚兰陵,谨以鲜花素果、雅乐韶舞之仪,致祭于千古宗师、鸿儒后圣、先祖荀子之家庙,而致词曰:

华夏文明,肇始洪荒。三皇五帝,传说綦详。结绳幽隐,造字辉煌。夏彝商鼎,列国文章。百家争鸣,学术繁昌。

吾祖荀子,智慧龙光。阴阳洞彻,宇宙胸藏。地知维纪,

① 刻于荀子庙碑,正面碑文为繁体。

天识行常。学绍周孔，思会老庄。法兵杂糅，择善用长。

吾祖荀子，批判帜张。性恶辟孟，礼乐诠香。仁德殊释，劝学弘扬。正名解蔽，君臣道彰。制天用命，效法后王。与时俱进，儒学銛铓。

吾祖荀子，治术煌煌。政舟民水，载寿覆殇。平衡妙术，王霸秘藏。最为老师，千古智囊。荀弟秦用，成就始皇。

吾祖荀子，学识无双。集大成者，无冕之王。游历所之，如敬崇阳。三为祭酒，门立卿相。两令兰陵，齐楚乂祥。传经授典，汉儒宫墙。著书立说，恣肆汪洋。文弃片言，雄辩铿锵。成相化俗，赋启元章。

荀子至道，经国周行。知行后世，作而不倡。笑尔矫饰，不厌鼓簧。云翳何掩，日月光芒！

当今世界，潮流汤汤。鼎新革故，顺昌逆亡。荀子思想，启迪良方；荀子精神，载济载匡。

吾辈裔孙，尤须自强。胜蓝存志，镂金为梁。力学明道，行毋彷徨。复兴逐梦，肝胆星霜！

今植碑碣，铭记不忘。俎豆奉进，伏惟尚飨！

公元二零一七年八月吉旦

全球荀氏宗亲会　立

四、荐氏家约

2020年8月，一个偶然的机会结识了邳州市青年才俊刘培振。小伙子原为上海江南造船集团的技术骨干，为了寻求新的发展，选择自主创业。其人话语虽不多，但言之有物；行为虽低调，但自带风采。

交谈期间无意中聊到了家族文化，培振很是兴奋，随即分享了岳父家的《荐氏家约》。这些年来，祖传的家训、家规还是见过一些，但重新立家约还是很少见，故而，对这一家族油然起敬。

2021年5月，笔者应邀到徐州与培振叔丈荐辉先生及家人探讨家族发展与家学文化的建设，之后得荐辉先生所赠《荐氏家约》一本。阅读之后，深深为荐辉先生的自身追求与责任担当所折服。

荐辉先生是徐州东方房地产集团等多家企业的领导，平日工作非常繁忙，但对家族的发展却毫不怠慢。交流期间，荐辉先生的一句"行走在人生的大道上，此生即使不能悟道证道，我也会'赖'在这个大道上坚决不下去"，掷地有声，时时耳边萦绕。这条道指就是"修身明德"之道。一位事业有成的企业家，没有把资本放在最重要的位置，而是把"修身明德，敬天爱人"放在首位，足见其人生追求与修养的不凡。

下面是《荐氏家约》的内容，与读者分享(为方便，将有关人物的信息隐去)，坚信在不久的将来，有更多的家庭加入进来，执著、认真地开展"家学建设"，让我们的后代在优秀的家学文化的引导与熏陶下快乐、从容地成长！

(一)《荐氏家约》前言

家是什么？家是爱的源泉，是遮风避雨的港湾；是忘不掉的牵挂和永远的记忆；是一个人成长的起点和温情的归宿。

自古以来，中国社会的基本单元就是家庭。站在家庭的立场，任何成员在外面的言谈举止，都会被当作一家人良好家风的表现。儒家思想把“齐家”看做“治天下”的基础，可见家庭的重要性。

父母在，家就在。忆往昔，父母严慈，儿孙满堂，其乐融融。

而今，父母仙逝，我们也化大家为小家，但我相信老人在另一个世界也祈望我们能聚小家成大家，团结互助、相亲相爱、生活殷实、健康平安。

“子欲孝而亲不待”。而我们现在所能做到的就是：遵从祖训，传承家风，尊重兄弟，关爱晚辈，懂得感恩，相互包容。切不可漠视纲常、自行其是；只有自强不息、包容互助，才能告慰父母和先人的在天之灵！

古人云：“家和万事兴。”愿我姐弟七人率先垂范，以身作则，盼子女、婿、媳与众子孙仿效遵从、耳听心受、身体力行、持之以恒。全家人要同心协力，坚持正大光明的途径，在合乎法律与道德的道路上，互相勉励支持，在爱国家爱民族的前提下，勇于担当、砥砺前行！为我们这个大家庭的繁荣兴旺、蒸蒸日上共同献智献力，以图富家强族！

（二）《荐氏家约》寻根问祖

明神宗万历三十一年（1603），老祖率其长、五支祖，从码头镇（山东郯城）迁至大王庙（邳州），继而滩上（邳州）。居住约三十余年后，长、五支祖各有两支后裔，先后从滩上迁至河滩(邳州)定居。

当年在码头镇,老祖让儿孙们各奔前程时,集纳了众家人的意见,以姓"安"回姓"渐",后由姓"渐"又改成姓"荐";再又把姓"荐"改成姓"隽",并改读"荐"音等,历经四次独特变更,经过深深细究,每个姓氏均有着特殊背景和深刻的内涵。其最终目的,就是改善生存条件,隐蔽和保护家人,以致后裔在繁衍生息中不忘祖宗,彰显了先祖的良苦用心和聪明智慧。

今逢国泰民安,家族昌盛之机,荐氏宗亲举众人之力,兴建家族祠堂,以供宗亲及后人祭拜之。盼我全家老幼不忘根脉,敬祖惠宗,同心同德,共创辉煌!

(三)《荐氏家约》五代世系图(略)

(四)《荐氏家约》家训

荐氏子孙,须细思量,以德为本,终生莫忘。

上德合道,弘道其昌,顺道则生,逆道则亡。

敬天崇圣,效圣贤良,诚信感恩,终生效仿。

克己利人,当仁不让,无私奉献,无欲则刚。

诸恶莫作,众善弘扬,积福增慧,知足乐常。

幼少勤学,苦读有方,全面发展,学有专长。

增长才干,为国争光,忠于祖国,更爱家乡。

为人子女,忠孝至尚,孝顺父母,学习羔羊。

父母安康,儿放心上,父母体恙,不离身旁。

父母辞世，恩德难忘，常去祀典，传家有方。

夫妻同心，遇事相商，恩爱如宾，互敬互谅。

银金钻婚，连理久长，勤俭持家，风正业昌。

教育子女，身作榜样，育儿成才，国之栋梁。

兄弟团结，互尊互让，兄爱妹弟，妹弟尊长。

弘扬传统，家业兴旺，同心同德，共创辉煌。

为民效力，尽心尽量，爱岗敬业，敢于担当。

做事认真，勤恳善良，任劳任怨，恪守规章。

英雄模范，学习榜样，遵纪守法，时刻不忘。

廉洁奉公，自律自强，两袖清风，警钟常响。

谦虚谨慎，遇难而上，戒骄戒躁，功而不张。

为人处世，切莫逞强，忠厚正直，宽宏大量。

礼貌待人，学人所长，别人有难，主动相帮。

发生矛盾，包容忍让，团结和谐，民富国强。

低调做人，实为良方，恰如其分，事事顺畅。

同根同祖，亲情共享，长幼有序，源远流长。

尊长爱幼，族体固昌，族风淳正，人财兴旺。

敬畏祖宗，祭祀经常，恩泽后裔，世代弘扬。

（五）《荐氏家约》家规

遵纪守法，重道明德。先做合格的人，再做高尚的人。

以信立身，以诚待人。在社会在家庭，视信誉为生命，堂堂正正，永立天地间。

学成于思,业精于勤。好学近乎知,知耻近乎勇,切莫沉湎于享乐,唯有挥汗撒播,方能欢呼收获。

志存高远,忠国爱家。要有理想有抱负,有胸襟有格局,努力创造美好明天。

热爱生活,珍爱生命。在自己的学习工作生活中陶冶情操,不断丰富和提升自我,成己达人。

施恩勿念,受恩莫忘。常怀感恩之心,力行为善之事,积德积福,恩泽后人。

友爱兄弟,和睦亲邻。兄义弟仁,不因财生隙,影响感情;与亲邻为善,不因利失义,影响和气。

严肃家风家规,对忘信忘义和妄言妄行者,须以惩戒,轻则于宗祠自悔,族内通报批评并接受长辈面训诫勉;重则将不再享受宗族、宗亲扶助……;不得徇纵。

(六)《荐氏家约》家风

家风,是家庭或家族世代相传的风尚,是一个家庭的风气。具体包括家德、家规、家训与家谱。而本家庭的家风为:

尊老爱幼,含仁怀义;德求同体,爱有厚薄。

口中有德,目中有人;心中有爱,行中有善。

勤劳节俭,自强自立;吃苦耐劳,奋斗不息。

谦和礼让,团结与共;互敬互爱,互助互容。

崇尚道德,诚实守信;黜邪崇正,三省吾身。

清正廉洁,远离丑恶;追求高雅,心胸开阔。

乐于奉献，尽心尽责；修身齐家，为民为国。

(七)《荐氏家约》祭文

1. 祭父文

家境窘迫，穷困清贫；两兄一姐，相爱相亲。

先祖始居，码头小镇；明末清初，东迁西奔。

四易其姓，不离荐音；河滩安居，历尽艰辛。

家父自幼，聪颖勤奋；灾荒年代，大志犹存。

书至初中，学业精纯；适逢治世，走出校门。

供销社里，才德服人；二十有五，与母成亲。

共挽鹿车，鹣鲽情深；父母严慈，家室如春。

做工务农，作则以身；厚德端行，品格如金。

家父业勤，忠厚诚恳；会计多年，清正其身。

立显本职，利公利民；社会享誉，领导信任。

晋升县城，一步一印；不卑不亢，克俭克勤。

企业财会，尽责尽心；荣任经理，恪守本分。

始终不渝，耿耿忠心；响应政策，光荣离任。

家父尚文，儒雅省身；注重教育，全力竭尽。

省吃俭用，学供七人；严加管束，心系校门。

望子成龙，期待才俊；盼女成凤，高远志存。

姐弟奋发，力赶英群；终成夙愿，荣耀庭门。

家父一生，善良本分；首孝高堂，图报知恩。

敬祖礼族，含饴弄孙；秉承传统，乐享天伦。

宽厚包容，温良谦逊；恭爱慈祥，享誉终身。

呜呼！家父生为靠山，逝为丰碑。虽音容难觅，然恩德铭记。我等常忆家父教诲，不忘庭训，牢记匹夫之责，普世之爱，知进退，识明德；淡名利，谋幸福，求仁和。

清明归故宅，思物黯神伤。伫立遗像前，事亲恨未长。此生少怙亲，泣血泪两行。哀哉，伏惟尚飨。

2. 祭母文

天高地厚，难比母恩；二十有一，与父成婚。

一生操劳，茹苦含辛；养育我辈，姐弟七人。

父忙公务，母在乡村；缝补浆洗，农田劳奔。

省吃俭用，生活艰辛；家庭重担，系于一身。

幸有姥姥，扑下身心；抚育我等，留下深恩。

姥姥睿智，身履其勤；刚毅果决，处处严谨。

躬亲其事，和蔼可亲；知情达理，浸润子孙。

母效姥姥，亦学其勤；统筹全家，担当重任。

随父进城，万象更新；苦心经营，精于缝纫。

不分冬夏，不闻夜深；蚊虫叮咬，大雪纷纷。

千针万线，引线穿针；换来钱粮，饱暖不逊。

慈母远见，爱子重文；家庭教育，不让分寸。

读书学习，不吝重金；再苦再难，不分儿心。

思想超前，目标精准；坚信知识，改变命运。

儿女奋发，不负慈心；步入高校，为国从军。

各显其能，尚武从文；光耀门庭，锦绣乾坤。

女大当嫁，男大当婚；安排妥帖，顺意顺心。

慈母自强，图治弥新；时出主见，胜过万金。

子女易姓，自有原因；男女平等，无需述陈。

母虽巾帼，不让须眉；大是大非，可坚可忍。

慈母康健，向无重疾；皇天不悯，老年弱身。

一生勤勉，自强自尊；溘然驾鹤，遗福儿孙。

慈德浩荡，想念至极；慈容梦萦，满门号泣。

谨以此文，寄托哀思；呜呼哀哉，愿母安息。

（八）《荐氏家约》家约

家约就是家庭公约，是约束与激励家人的规矩。“没有规矩不成方圆”。为铭记祖训、族规，传承先辈优良传统，履行先辈铸就的家教、家风，永葆家庭与基业长青，特制定此家约，望家人们深刻理会，严格践行。

尊老爱幼，孝道为先；恩泽后裔，世代相传。

夫妻和顺，教子堂前；立志立德，思齐见贤。

刻苦学习，既博又专；品学兼优，一往无前。

艰苦创业，勤劳节俭；为政为民，一身清廉。

爱护弱小，积德行善；扶贫济困，责任在肩。

遇事坦荡，大局着眼；正直无私，律己从严。

诚实守信，不失诺言；表里如一，远离空谈。

懂得感恩，不计前嫌；善于分享，天下无艰。

崇尚科学，多加锻炼；勤于劳作，身体康健。

敬畏祖宗,常挂心间;祭祀经常,子孝孙贤。

以上诸条,家庭箴言,刻骨铭心,重在实践。长者表率,幼者争先,盼我家人,勇往直前。

注:本训约将根据时代发展和家族需要,适时调整和完善。特此说明。

(九)《荐氏家约》后记

自古以来,家庭就是中国社会的基本单元。正是千千万万个家庭才组成了中华民族,只有每一个家庭都能够传承和弘扬好优秀传统文化,都能坚定文化自信,才能汇聚成中华民族的伟大复兴!

从家庭角度讲,最好的传承和弘扬的方式,就是严家规、行家训、正家风。历史上《颜氏家训》《朱子家训》《曾国藩家书》等都是其中的优秀代表和典范,千百年来滋养了无数家庭,也让中华儿女,散是满天星,聚是一条龙。

此次倡导建立、完善和践行家规、家训、家风,立意正是如此。我荐氏一族,繁衍至今,恰逢盛世,门庭方兴,理应修订完成一套系统的家约,上承祖训,下延门风,以实现家族昌盛、造福社会。

在亲族的大力支持下,前后持续一年有余,才得以修订完成本约。在此,对为本约修订工作辛勤付出的亲族表示诚挚的谢意,特别感谢十四世孙保法为《荐氏后裔居住考》所付出的努力。因本约为初次完成版,如有不足之处,还望批评指正。

诚望各位亲族,遵循践行为盼!

参考文献

一、丛书类

[1] 阮元. 十三经注疏(清嘉庆刊本)[M]. 北京:中华书局,2009.

[2] 国学整理社. 诸子集成[M]. 北京:中华书局,1954.

二、古籍类

(一) 经

[3] 周振甫. 周易译注[M]. 北京:中华书局,1991.

[4] 黄寿祺. 周易译注[M]. 上海:上海古籍出版社,2001.

[5] 李民. 尚书译注[M]. 上海:上海古籍出版社,2004.

[6] 周振甫. 诗经译注[M]. 北京:中华书局,2002.

[7] 杨天宇. 周礼译注[M]. 上海:上海古籍出版社,2004.

[8] 杨天宇. 礼记译注[M]. 上海:上海古籍出版社,2004.

[9] 杨伯峻. 春秋左传注[M]. 北京:中华书局,1990.

[10] 汪受宽. 孝经译注[M]. 上海:上海古籍出版社,2004.

[11] 郭居敬. 二十四孝图文解读[M]. 西安:陕西人民出版社,2007.

[12] 朱熹. 四书章句集注[M]. 上海:上海古籍出版社,2006.

[13] 胡奇光. 尔雅译注[M]. 上海:上海古籍出版社,1999.

[14] 许慎. 说文解字[M]. 北京:中华书局,1963.

[15] 段玉裁. 说文解字注[M]. 上海:上海古籍出版社,1988.

[16] 朱骏声. 说文通训定声[M]. 北京:中华书局,1984.

(二) 史

[17] 司马迁.史记[M].北京:中华书局,2013.

[18] 班固.汉书[M].北京:中华书局,1962.

[19] 脱脱.宋史[M].北京:中华书局,1985.

[20] 司马光.资治通鉴[M].北京:中华书局,2011.

[21] 韦昭.国语[M].上海:上海古籍出版社,2008.

[22] 刘向.战国策[M].上海:上海古籍出版社,2008.

[23] 束景南.王阳明年谱长编[M].上海:上海古籍出版社,2017.

(三) 子

[24] 王先谦.荀子集解[M].北京:中华书局,1988.

[25] 王国轩.孔子家语[M].北京:中华书局,2011.

[26] 辛战军.老子译注[M].北京:中华书局,2008.

[27] 杨柳桥.庄子译注[M].上海:上海古籍出版社,2006.

[28] 王先慎.韩非子集解[M].北京:中华书局,2013.

[29] 许维遹.吕氏春秋集释[M].北京:中华书局,2009.

[30] 赵善论.说苑疏证[M].上海:华东师范大学出版社,1985.

[31] 陈立.白虎通疏证[M].北京:中华书局,1994.

[32] 王利器.颜氏家训集解[M].北京:中华书局,1993.

[33] 李孝国.教子名文十六篇[M].芜湖:安徽师范大学出版社,2015.

[34] 周彪.中国家训精华[M].天津:天津古籍出版社,2018.

[35] 朱用纯.中国古典文学荟萃(朱子家训·增广贤文)[M].北京:北京燕山出版社,2009.

[36] 牛兵占.黄帝内经素问译注[M].北京:中医古籍出版社,2003.

[37] 李昉.太平御览[M].北京:中华书局,1960.

[38] 陈秋平,尚荣.金刚经·心经·坛经[M].北京:中华书局,2007.

[39] 吴蒙.三字经·百家姓·千字文[M].上海:上海古籍出版社,1988.

[40] 李毓秀.弟子规[M].上海:上海古籍出版社,2010.

[41] 胡真.百家姓[M].上海:上海古籍出版社,2014.

（四）集

[42] 王勃．王子安集注[M]．上海：上海古籍出版社，1995.

[43] 孟浩然．孟浩然集校注[M]．北京：人民文学出版社，1989.

[44] 李白．李白全集[M]．上海：上海古籍出版社，1996.

[45] 杜荀鹤．杜荀鹤文集[M]．上海：上海古籍出版社，2012.

[46] 范仲淹．范仲淹全集[M]．成都：四川大学出版社，2007.

[47] 晏殊，晏几道．二晏词笺注[M]．上海：上海古籍出版社，2008.

[48] 柳永．乐章集校注[M]．北京：中华书局，2012.

[49] 王安石．王安石全集[M]．上海：上海古籍出版社，1999.

[50] 苏轼．苏轼全集[M]．上海：上海古籍出版社，2005.

[51] 陆游．剑南诗稿校注[M]．上海：上海古籍出版社，2005.

[52] 辛弃疾．稼轩词编年笺注[M]．上海：上海古籍出版社，1993.

[53] 王守仁．王阳明全集[M]．上海：上海古籍出版社，2011.

[54] 王国维．人间词话[M]．上海：上海古籍出版社，1998.

三、现代著作类

[55] 鲁迅．鲁迅全集[M]．北京：人民文学出版社，2005.

[56] 梁启超．梁启超家书[M]．北京：北京联合出版公司，2015.

[57] 陶行知．陶行知教育文集[M]．成都：四川教育出版社，2005.

[58] 胡适．我的信仰[M]．北京：中国城市出版社，2013.

[59] 林语堂．苏东坡传[M]．上海：上海书店出版社，1989.

[60] 冯友兰．冯友兰学术文化随笔[M]．北京：中国青年出版社，1996.

[61] 傅雷．傅雷家书[M]．天津：天津社会科学院出版社，2006.

[62] 纪德裕．汉字拾趣[M]．上海：复旦大学出版社，2002.

[63] 纪德裕．汉字的智慧[M]．上海：复旦大学出版社，2011.

[64] 张仲超．钱氏家训[M]．北京：线装书局，2010.

[65] 殷飞．汉字中的家庭教育智慧[M]．北京：清华大学出版社，2019.

[66] 雅斯贝尔斯．什么是教育[M]．北京：生活·读书·新知三联书店，1991.

[67] 苏霍姆林斯基．苏霍姆林斯基选集[M]．北京：教育科学出版社，2001.

[68] 稻盛和夫．心：稻盛和夫的一生嘱托[M]．北京：人民邮电出版社，2020.

后记

本书是以笔者在上海市教委师资培训中心、华东师范大学教育集团、华东师范大学附属进华中学授课时的讲义为基础整理的。2020年暑假开始整理,至今花了整整两年的功夫,才算基本完成。

记得前三章整理完之后,内人和儿媳做了第一批读者,读后说:"没有你讲的课好!"我知道这是家人客气了,意思是说书稿没有写好。讲课时,做老师的可以直接面对学生,及时互动,增加课堂的趣味性,课堂氛围可以用抑扬顿挫的语调调节。但编辑成书却不同,看不到读者的眼神,又没有办法随时调整内容,所以更多的是要关注知识的准确性、说理的透彻性、内容的充实性和结构的合理性,因而需要不断地充实与整理。这样一来,完稿时间就一拖再拖。

上课是有时限的,到时间必须结束,没有过多的时间联想。但整理书稿没有太严格的时间限制,可以面对着电脑屏幕长久地思考或者发发呆,偶尔耳边还会回响起两句话:

冻死迎风站,饿死舔肚皮。

男孩子,要像泔水缸,能吃能装。

前一句是父亲经常挂在嘴边的话,是说人生一世,要活出个

骨气。父亲1922年出生，小时家境也算殷实，七岁进私塾，读过《论语》《增广贤文》。可好景不长，九岁时，九一八事变爆发，家庭破产，父亲被迫辍学。爷爷去世时，父亲十三岁，开始担起养活一家六口的担子；十五六岁，给东家种地，虽未成年，却干大人的活；长大后，在日伪矿山做工，因不愿受日本工头的冷眼，愤然辞职；做了家长，乡居艰难，却坚持让子女读书……如此情境之下，这句话应该都曾支撑和鼓舞了父亲。

后一句是母亲私下里讲给我的，意思是要学会容人。母亲一辈子与人为善，脸上经常挂着笑容。虽然生活艰难，但母亲内心阳光，带着孩子们将艰难的日子过得干净、温暖。母亲心灵手巧，一生勤劳，村子里的人们经常请母亲裁剪衣服，母亲总会欣然应允、热情相待……慢慢地，我懂得了一个男孩子应有的担当与胸怀。

这些年来，父亲的骨气、母亲的雅量一直激励着我努力做一个上进的教师、平和的家长。整理讲义的过程充满着对先辈自强精神与宽厚修养的回忆与感悟，是自我修养的过程，也是享受幸福的过程，故而整理讲义的时间也就自然而然地延长了。今年正好是父亲一百周年诞辰，本书在多方帮助下即将出版，是巧合，也是对父母的告慰！

整理讲稿的过程也是文化传承的过程。自己当年初为人父时，年轻不懂事，工作与生活的压力又大，对于儿子的成长，没有花太多的心思。如今，虽然人称儿子学业有成，而立之年做了博导，在《自然》杂志上发表了文章，但由于自己的原因，没有帮助儿子奠定坚实的传统文化基础，故而常有愧疚之感，但愿不会影响儿子以后的进步。好在2021年6月，孙女呦呦出生了，家人们在欢喜的同时，一致认同传承先辈的文化修养对新一代健康成长的重要性，决心从现在做起，从我做起，提高修养，去熏陶和影响孩子。整理讲稿，受益最多的自己及家人，但仅凭一己之力是无法完成的。

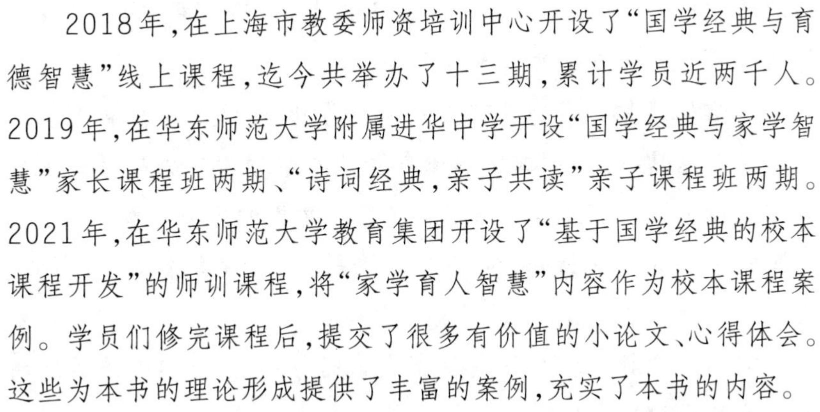

2018年，在上海市教委师资培训中心开设了“国学经典与育德智慧”线上课程，迄今共举办了十三期，累计学员近两千人。2019年，在华东师范大学附属进华中学开设“国学经典与家学智慧”家长课程班两期、“诗词经典，亲子共读”亲子课程班两期。2021年，在华东师范大学教育集团开设了“基于国学经典的校本课程开发”的师训课程，将“家学育人智慧”内容作为校本课程案例。学员们修完课程后，提交了很多有价值的小论文、心得体会。这些为本书的理论形成提供了丰富的案例，充实了本书的内容。

在课程的开发、开设过程中，华东师范大学校长办公室副主任刘萍、华东师范大学教育集团副主任冯剑锋、华东师范大学附属进华中学校长陈国强、华东师范大学附属浦东临港小学校长潘婷婷、华东师范大学教育集团资源建设部王隽老师给予了指导。在课程的进行过程中，华东师范大学附属进华中学朱芳芳、董璟、高正泉三位副校长给予了帮助，国学教学研究工作室的四位老师朱宁清、李琳、韩敏杰、李琰也给予了支持，使课程得以顺利推进。

在本书的编著过程中，上海市教科院德育院宗爱东书记、教育部中学校长培训中心副主任刘莉莉教授、华东师范大学教育学部王保星教授、上海理工大学材化学院缪煜清教授就全书的指导思想与体例等方面提供了专业的意见与指导，华东师范大学教育集团国学经典育人种子教师研修坊学员张千卫老师通读并润色书稿，好友陆家中学语文高级教师曹桂悦为书稿提出诸多建议，这些对书稿的完善大有裨益。

在书稿组织与编写过程中，得到了资深家庭教育顾问、青少年成长规划师王旭华女士，中国科学院上海硅酸盐研究所中试基地党支部书记、高级工程师袁兰英女士，草木润书屋创始人邓丽萍女士，徐汇区东安一村幼儿园党支部书记、园长姜岚女士，家长课程班班委芦巍女士等的帮助与支持。

上海钱镠文化研究会秘书长钱俭俭女士、海通证券首席经济学家荀玉根博士、徐州东方房地产集团总经理荐辉先生赠与了自己家族的家训、家约，为读者提供了家学建设的优秀范本。

在书稿付梓之际，华东师范大学副校长、教育集团主任戴立益教授欣然为本书作序。

对上述领导、老师、朋友及家人帮助与支持，表示真诚的感谢与由衷的敬意！

孙旭东

2022年7月26日